CHINESE INTERIOR DESIGN YEARBOOK 2017

中国室内设计年鉴（上）

李有为　主编

中国林业出版社
China Forestry Publishing House

图书在版编目（C I P）数据

2017中国室内设计年鉴 ：全2册 / 李有为主编．-- 北京 ：中国林业出版社，2017.7
ISBN 978-7-5038-9151-9

Ⅰ．①2… Ⅱ．①李… Ⅲ．①室内装饰设计－中国－2017－年鉴 Ⅳ．①TU238.2-54

中国版本图书馆CIP数据核字(2017)第158160号

中国林业出版社·建筑分社
责任编辑：纪 亮 王思源

出 版：中国林业出版社（100009 北京西城区德内大街刘海胡同7号）
印 刷：北京利丰雅高长城印刷有限公司
发 行：中国林业出版社
电 话：（010）8314 3518
版 次：2017年8月 第1版
印 次：2017年8月 第1次
开 本：1/16
印 张：52
字 数：500千字
定 价：860.00元（全2册）

Hotel

酒店空间

青岛远雄悦来酒店
FARGLORY RESIDENCE OF QINGDAO

老樟树民宿
THE OLD CAMPHOR TREE HOSTEL

麦芽精品客栈
MALT BOUTIQUE INN

旧州客栈
THE OLD INN

阿丽拉安吉旅游度假酒店
ALILA ANJI TOURISM RESORT

云南大理贰姑娘海景度假客栈
TWO GIRLS SEAVIEW RESORT INN, DALI YUNNAN

香港登台酒店
HOTEL STAGE, HONGKONG

西塘陌野精品酒店
THE INN BOUTIQUE XITANG

黄丝江边度假酒店
YELLOW SILK RIVERSIDE RESORT HOTEL

云南西双版纳喜来登度假酒店
SHERATON RESORT HOTEL IN XISHUANGBANNA YUNNAN

青岛远雄悦来酒店
FARGLORY RESIDENCE OF QINGDAO

项目名称 _ *青岛远雄悦来酒店* / **主案设计** _ *福田裕理* / **参与设计** _ *郑林森、贺丽莎、商圣宜* / **项目地点** _ *山东省青岛市* / **项目面积** _*23000 平方米* / **投资金额** _*23000000 万元*

A 项目定位 Design Proposition

本案是个离五四广场和海滨不远的超高层酒店，湛蓝海水与阳光的青岛印象融入酒店的室内设计，加深住客对酒店的品牌认知，是本案酒店设计的主题！

B 环境风格 Creativity & Aesthetics

酒店位于繁华市区的超高层建筑，宛如船帆从海面上高耸而起直入云霄，海上风景尽收眼底。

C 空间布局 Space Planning

会所位于超高层大楼的 24 层，专供大楼里的酒店住户健身及用餐使用。电梯出来后看见独创的船型玻璃艺术品、听到潺潺水流，寓意着青岛为帆船之都。走廊大量使用黑色大理石与不锈钢，暗黄色壁布延伸到天花板，展现出会所应有的内敛与高级感。大堂地面是水纹咖啡和意大利灰两种石材。接待台背景墙是一幅贝壳马赛克的拼贴，打上灯光后显得波光粼粼，其间还点缀了绿色系马赛克，进入健身区后，视线瞬间放大至窗外无限远处，跑步机正对大开窗面一字排开视野绝佳，背墙面以不规则灰、绿色块并搭配灯光，充分展现动感韵律。24 米长的水道满足了运动需求的使用者，朝南向的按摩池则让想放松的客人在此远眺海湾，池底为大图案的红花绿叶马赛克拼贴，池边则是米灰色系硬直条纹的石材地铺，天花铝板为外上内收的单向泄水。原本粗大的结构柱在包覆上贝壳马赛克后，顶灯的反光和泳池的倒影隐隐若现，透过玻璃幕墙与室外海天连线。

D 设计选材 Materials & Cost Effectiveness

选旧砖、旧木、纯棉布织品等有生命属性的材料，将它们融入空间，并成为室内最终“品质”的担当者。

E 使用效果 Fidelity to Client

得到了投资人与历史街区管委会的高度认可，经营起步良好。

FARGLORY CAFE

FARGLORY CAFE

FARGLORY CAFE

FARGLORY
CAFE
悦來咖啡館

悦

女
男
洗手间

老樟树民宿
THE OLD CAMPHOR TREE HOSTEL

项目名称 _ *老樟树民宿* / **主案设计** _ 钱敏 / **项目地点** _ *浙江省宁波市* / **项目面积** _*270 平方米* / **投资金额** _*60 万元* / **主要材料** _ *青砖、青石板、旧木板*

A 项目定位 Design Proposition

因为一个民宿，记住一座城市。一语“乡愁”牵动了无数人心，乡村民宿成为旅游经济的蓝海。适应了“逆城市化”过程中城市中高端人士的返乡需求，进而拉动周边地区以及景区的经济效益。

B 环境风格 Creativity & Aesthetics

其位于宁波江北保国寺鞍山村上房，具有观光资源的风景区内，依山而建，背靠翠林，后有小溪潺潺，鞍山整体“水墨”风格与老樟树民宿完美结合。

C 空间布局 Space Planning

进入主楼，被中西混合特有的回归风格特征带入场景。入口左边是小美乡村的壁炉，庄重的天花板木结构，右边通过正对面的吧台过渡到中式古朴乡村，岩石与灰泥的结合是美式乡村的精髓之一。欣赏原始美丽，拆除原西边窗作落地玻璃背景，内外相连，突出中式茶道桌的高贵雅。

D 设计选材 Materials & Cost Effectiveness

主要材料为青砖、青石板、旧木板，体现建筑室内与大自然的有机结合。

E 使用效果 Fidelity to Client

黎煜酒店旗下的老樟树精品民宿，通过“互联网 +”的形式，打造出一个全新的民宿品牌，吸引了宁波及周边地区众多慕名者。作为一种旧乡愁与新乡土相结合的产物，被称之为有温度的住宿、有灵魂的生活。

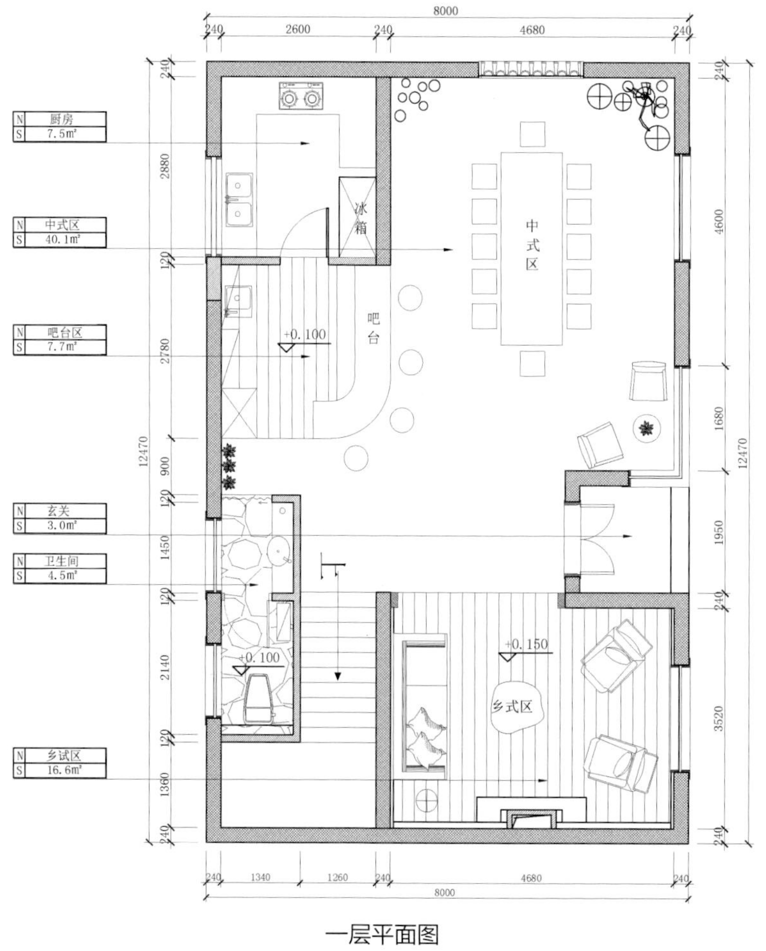

8000
240
2600
240
4680
240
N 厨房
S 7.5m²
N 中式区
S 40.1m²
N 吧台区
S 7.7m²
N 玄关
S 3.0m²
N 卫生间
S 4.5m²
N 乡试区
S 16.6m²
冰箱
中式区
吧台
+0.100
+0.150
乡式区
2880
120
2780
900
120
1450
120
2140
120
1360
240
12470
4600
1680
1950
3520
1340
1260

一层平面图

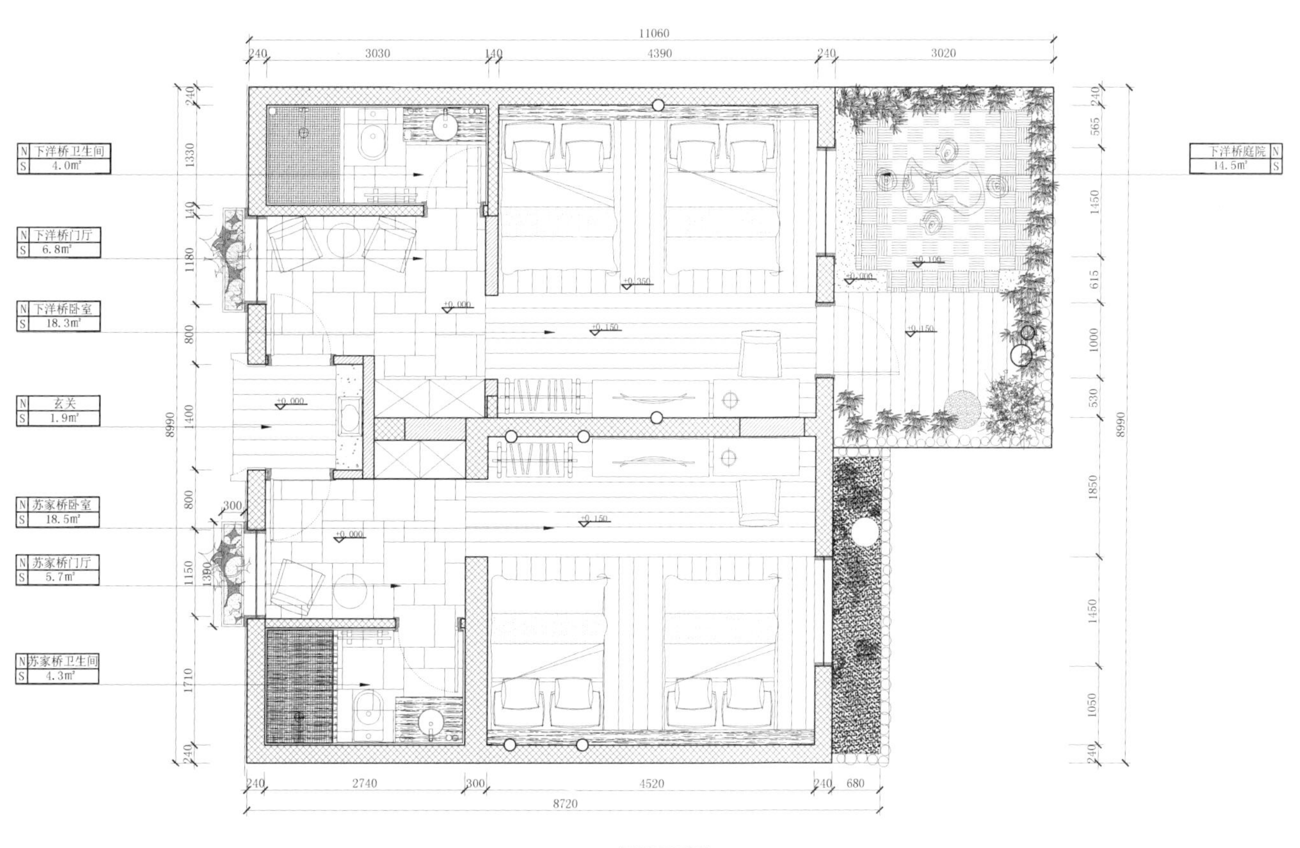

下洋桥卫生间
4.0m²
下洋桥门厅
6.8m²
下洋桥卧室
18.3m²
玄关
1.9m²
苏家桥卧室
18.5m²
苏家桥门厅
5.7m²
苏家桥卫生间
4.3m²
下洋桥庭院
14.5m²
11060
8720
8990

二层平面图

麦芽精品客栈
MALT BOUTIQUE INN

项目名称 _ *麦芽精品客栈* / **主案设计** _ *杨钧* / **参与设计** _ *吴志华、鲁婷* / **项目地点** _ *浙江省杭州市* / **项目面积** _ *240 平方米* / **投资金额** _ *200 万元* / **主要材料** _ *钢板、木头*

A 项目定位 Design Proposition

整体设计结合了江南的柔美和北欧的干练，"四季流转，麦芽陪伴"是该酒店的宣传语。

B 环境风格 Creativity & Aesthetics

主打纯正北欧风，简洁而不失品质，区别于周围以日式简约和小清新为主题的酒店。

C 空间布局 Space Planning

区别于常规酒店模式，最大利用空间，小而不乏精致，小而不缺变幻，小而不缺功能齐全，媲美于五星酒店。

D 设计选材 Materials & Cost Effectiveness

门窗采用钢板和木头结合，冷酷和温暖结合，室内墙面采用硅藻泥，环保。

E 使用效果 Fidelity to Client

入住率高，受到客人好评。

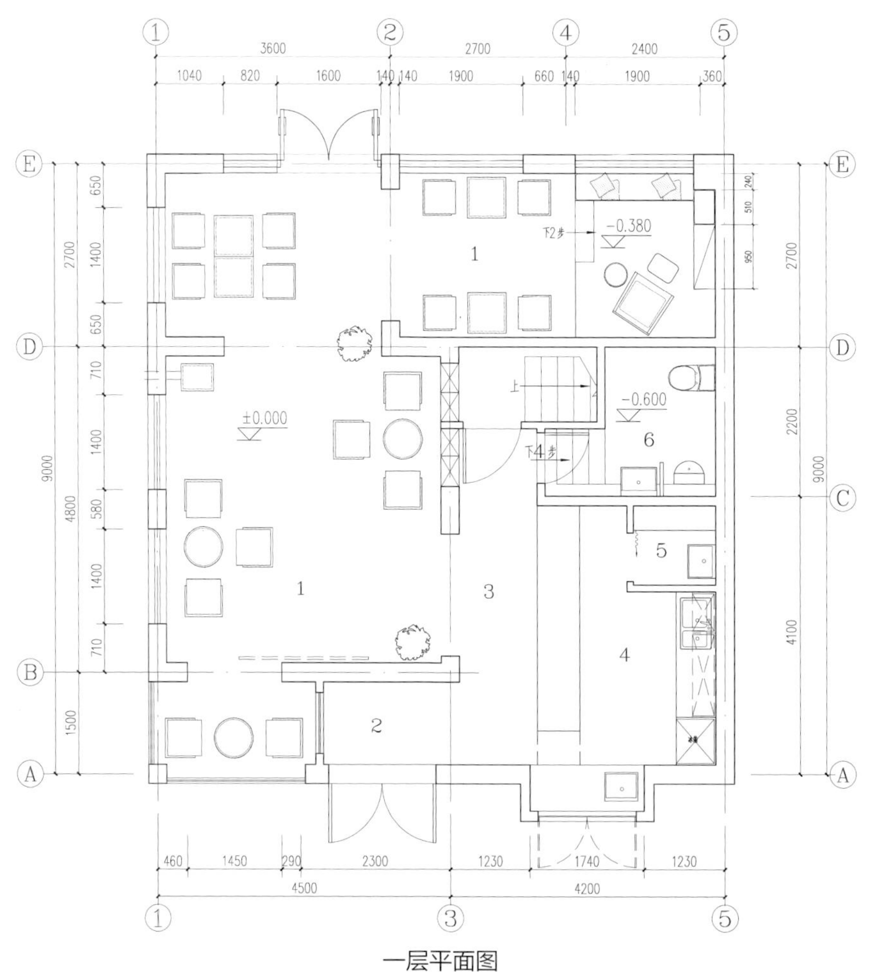
3600
2700
2400
1040
820
1600
140
140
1900
660
140
1900
360
下2步
−0.380
±0.000
−0.600
下4步
上
1
1
2
3
4
5
6
460
1450
290
2300
1230
1740
1230
4500
4200
9000
4800
2700
2200
4100
1500

一层平面图

Friday
January
3
5

Tuesday
March
01

旧州客栈
THE OLD INN

项目名称 _ *旧州客栈* / **主案设计** _ *郭明* / **项目地点** _ *贵州省安顺地区* / **项目面积** _ *1800 平方米* / **投资金额** _ *890 万元* / **主要材料** _ *钢化玻璃、实木地板、夹纱玻璃、山西黑石材、杉木板做旧等*

A 项目定位 Design Proposition

古宅的原型是当地的官署衙门，见证着旧州 600 年的岁月更替。现如今设计师将这座老宅改造成为艺术客栈。

B 环境风格 Creativity & Aesthetics

四合院落，青石天井，木屋檐廊，雕窗石门，屯堡建筑融合着南方建筑的精巧特色，又展示着独特的石头工艺。旧州客栈的设计师大胆保留原建筑独有清韵，选用传统石头垒砌外围墙体，既保证一宅一户的私密性和安全感，又达到良好的隔音效果。

C 空间布局 Space Planning

空间排布上，天井的虚与房屋的实有效融合成整体，借助青葱绿植，斑驳光影，形成连续而深入的层次感，依次递进。 进入前厅，大堂中央处，引人注目的圆形佩环上伫立着梯柱型木质圆桌，体现着自古以来天圆地方的融合。设计师将家居式的堂屋改为南方特色的客栈前台。用古旧青石为原料搭建起服务台，选用旧式木质扶手座椅，为客栈平添了一抹岁月的痕迹。 推开客栈的雕花房门，设计师沿袭南方穿木结构，多元的层次赋予空间以可能性。卧室里，辅以玻璃隔断，低调中透露着现代设计的隐性思维。 通体透明的咖啡馆，巧妙地操纵着阳光、阴影与气流，双重复合的设计无不透露出设计师的匠心独运。澄澈舒爽的游泳池，带来休闲度假的惬意舒畅。

D 设计选材 Materials & Cost Effectiveness

古老的院落融合现代的工艺，酿造出精妙的创意——提出玻璃盒子的概念，并将其转化为通体透明的现代咖啡馆。 钢化玻璃、实木地板、夹纱玻璃、山西黑石材、杉木板做旧、屯朴石等主材料的选取更凸显屯堡地域特色文化，简单大方的组合，映射出古朴自然的隐逸与潇洒。

E 使用效果 Fidelity to Client

依据 4A 级旅游度假景区——山里江南，旧州客栈成为最具地域特色的住宿空间，其极具设计感的室内空间、精致的内廷摆饰、真诚周到的服务赢得了到访客人的深度认可。

舊州客棧

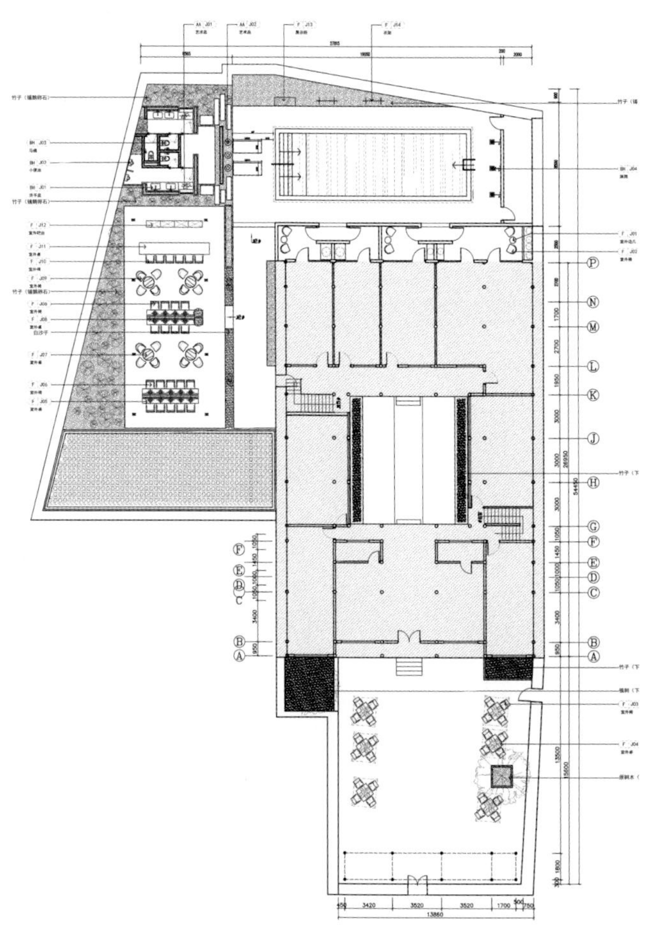

客栈景观平面图

阿丽拉安吉旅游度假酒店

ALILA ANJI TOURISM RESORT

项目名称 _ 阿丽拉安吉旅游度假酒店 / **主案设计** _ 钱晓宏 / **参与设计** _ 钱晓宏、黄永明、郁建、顾宇 / **项目地点** _ 浙江省湖州市 / **项目面积** _23000 平方米 / **投资金额** _30000 万元 / **主要材料** _ 竹

A 项目定位 Design Proposition

阿丽拉酒店位于浙江安吉县，作为旅游度假酒店，除了酒店本身的设计追求简约大气、闲静沉稳之外，酒店还有着风景秀丽的自然环境。现代都市忙碌的人群对回归自然的休假方式，有着不可忽视的需求。

B 环境风格 Creativity & Aesthetics

酒店设计结合安吉县当地自然环境特点，山水竹林这些美好的意向都是设计元素的出发点。酒店景观环境也最大程度结合已有的环境状况，将最好的视觉感受保留下来。

C 空间布局 Space Planning

酒店将大堂、餐厅、SPA 等公共区域集中在一起，减少流线，而将客房依据地势分散布置，以求每一栋客房都有好的景观朝向。

D 设计选材 Materials & Cost Effectiveness

酒店运用了安吉当地特有的竹材料，通过工艺处理形成部分空间的顶面和墙面造型。此外酒店选用的木材也适合于当地气候环境。在现代简约的风格下，较少地运用更新的现代材料，力求最大程度地融入自然。

E 使用效果 Fidelity to Client

酒店自 2016 年 5 月份开业以来，备受业界好评，至今酒店客房入住率依然接近 100%，一直是预约订房的经营状态。

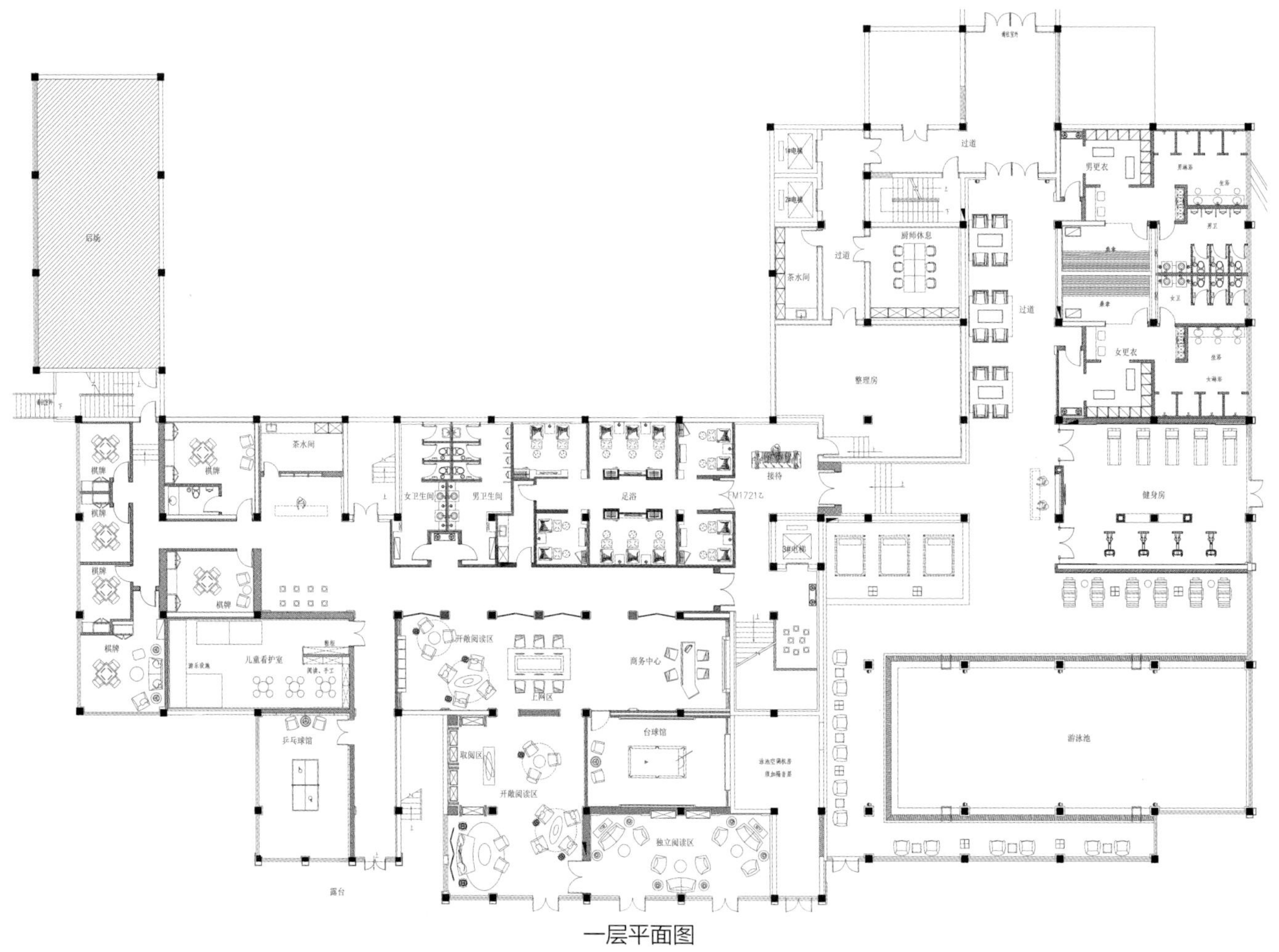

棋牌
茶水间
女卫生间
男卫生间
足浴
接待
儿童看护室
乒乓球馆
开敞阅读区
商务中心
台球馆
独立阅读区
游泳池
健身房
整理房
过道
男更衣
女更衣
露台

一层平面图

OF FISHING BOAT

EXIT

云南大理贰姑娘海景度假客栈

TWO GIRLS SEAVIEW RESORT INN, DALI YUNNAN

项目名称 _ *云南大理贰姑娘海景度假客栈* / **主案设计** _ *尹坚* / **参与设计** _ *陈新科、叶相甫、李英、姚莹* / **项目地点** _ *云南省大理白族自治州* / **项目面积** _ *1200 平方米* / **投资金额** _ *300 万元* / **主要材料** _ *青砖、麻石等*

A 项目定位 Design Proposition

为锁定高端客户群体，整体设计定位偏新中式风格，并揉入了当地民俗文化中的纹饰和图案，使空间充满了思念感和叙事感，更在细节上加入纱曼和壁画等，将青砖、麻石等天然材质柔化处理，使之不失优雅和浪漫，让来此度假的客人能停下脚步，放松身心，静静品味生活中的一份美好。

B 环境风格 Creativity & Aesthetics

（1）用木船造型将大堂四根立柱联系在一起，形成休闲区，将建筑劣势转换为优势。

（2）一改人们对原木土黄色的固有理解，用灰绿色油漆进行饰面，对传统中式风格有了新的诠释。

C 空间布局 Space Planning

（1）将客房浴缸独立成区，靠近窗户，使住户沐浴时直接观海，感受不一样的休闲体验。

（2）大堂服务收银台隐藏在拐角处，弱化商业气息，营造休闲氛围。

D 设计选材 Materials & Cost Effectiveness

（1）造型中揉入白族的纹饰和图案，使酒店风格上更融入当地民俗。

（2）造型上加入纱幔、壁画等将青砖、麻石材质的生硬柔化，使之不失优雅和浪漫。

E 使用效果 Fidelity to Client

本案因色彩和造型独特，开业后在大理数千家客栈中脱颖而出。

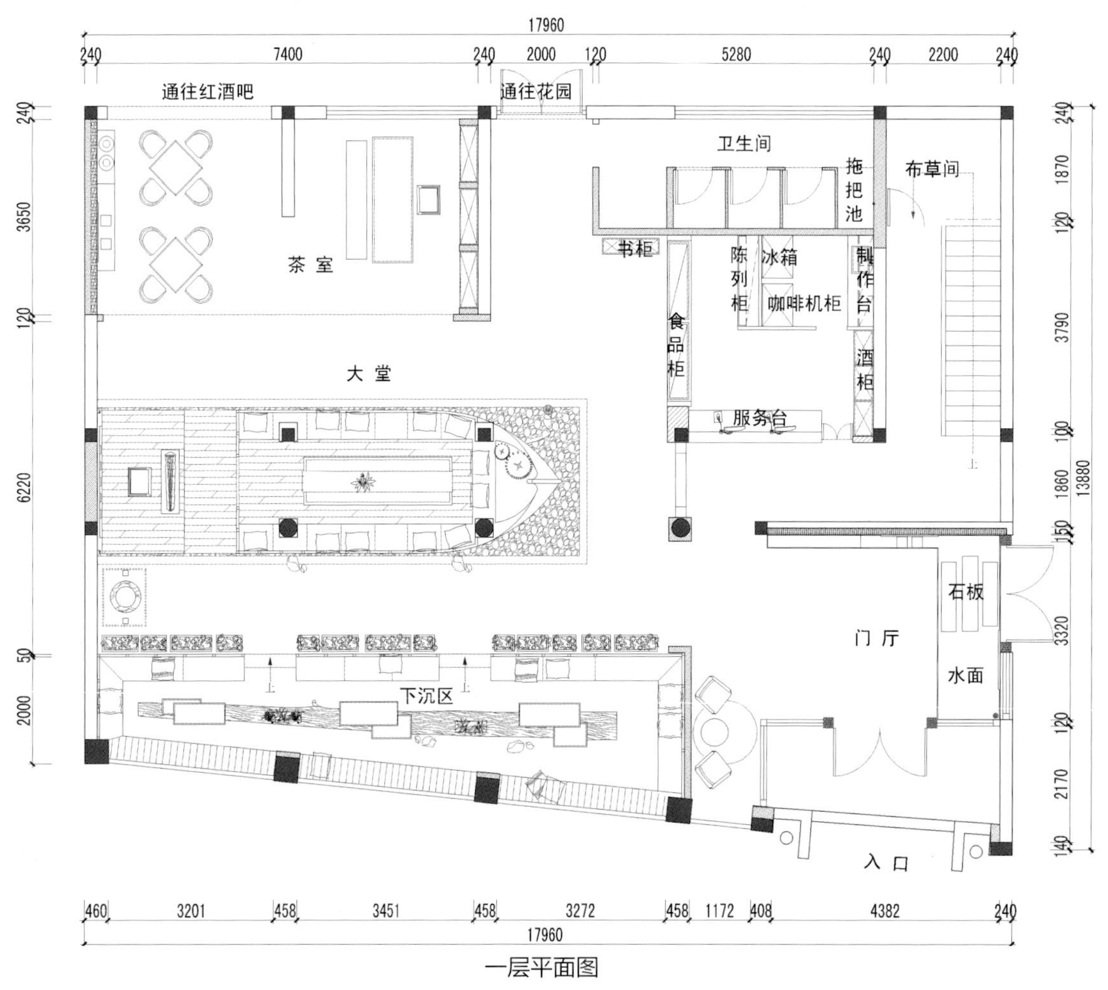

17960
240
7400
240
2000
120
5280
240
2200
240
通往红酒吧
通往花园
卫生间
拖把池
布草间
书柜
陈列柜
冰箱
咖啡机柜
制作台
茶 室
食品柜
大堂
酒柜
服务台
石板
门 厅
水面
下沉区
入 口
3650
120
6220
50
2000
1870
3790
1860
3320
2170
13880
460
3201
458
3451
458
3272
458
1172
408
4382
240
17960

一层平面图

香港登台酒店

HOTEL STAGE, HONGKONG

项目名称 _ *香港登台酒店* / **主案设计** _ *黄赞其* / **项目地点** _ *香港油尖旺区* / **项目面积** _*6600 平方米* / **投资金额** _*9500 万元*

A 项目定位 Design Proposition
香港登台酒店是一个改造项目，其前身是圣地亚哥酒店。本案对其外墙和室内进行了重新设计，使之成为“艺术家展示自我的舞台”。

B 环境风格 Creativity & Aesthetics
酒店整体改造采用浅色色调，立面干净整洁，在重点区域着重对细节进行了处理，以便将艺术作品更纯粹地展示给客人。本案将室内设计作为一个载体，巧妙地创造出客人与香港艺术群体的联系，使得该地区更加充满活力。

C 空间布局 Space Planning
整个酒店保留了老建筑原汁原味的功能性，没有过度装饰。从最简洁的线条体会到隐藏的温暖和纯粹，也会在转角时撞见迎面扑而开的艺术品的惊艳。 酒店共有 97 间客房和套间的设计结合了空间美学和实用功能。每个房间都预留了多媒体连接设备、舒适的健身设施，超大的窗户使得城市的历史遗迹与高层建筑能够尽收眼底。 酒店同时提供多功能室日租办公室和可容纳 10~140 人的会议场所。 位于酒店一层的有全日制餐厅，而地下室则拥有试酒区、书吧、工作室、展厅等功能，采用生锈的钢板、水泥、黑钢、粗木的 Loft 风格，细节处理经过了深度推敲。

D 设计选材 Materials & Cost Effectiveness
酒店位于香港油麻地，油麻地是香港活的时间胶囊，这里分布着许多经营了几代人的传统家族商店，包括手工刺绣的婚纱店、中医铺、剧院，以及电影院和老式小型粤剧节目的茶馆。酒店的设计以历史、文化和艺术的镜头为客人提供了原汁原味的城市社区体验。

E 使用效果 Fidelity to Client
酒店将客房、Muse 酒吧和日租办公室的功能结合起来，不仅适合住宿，而且适合小型聚会、大型商业或文化庆典活动以及其他创意文化活动。

WARHOL

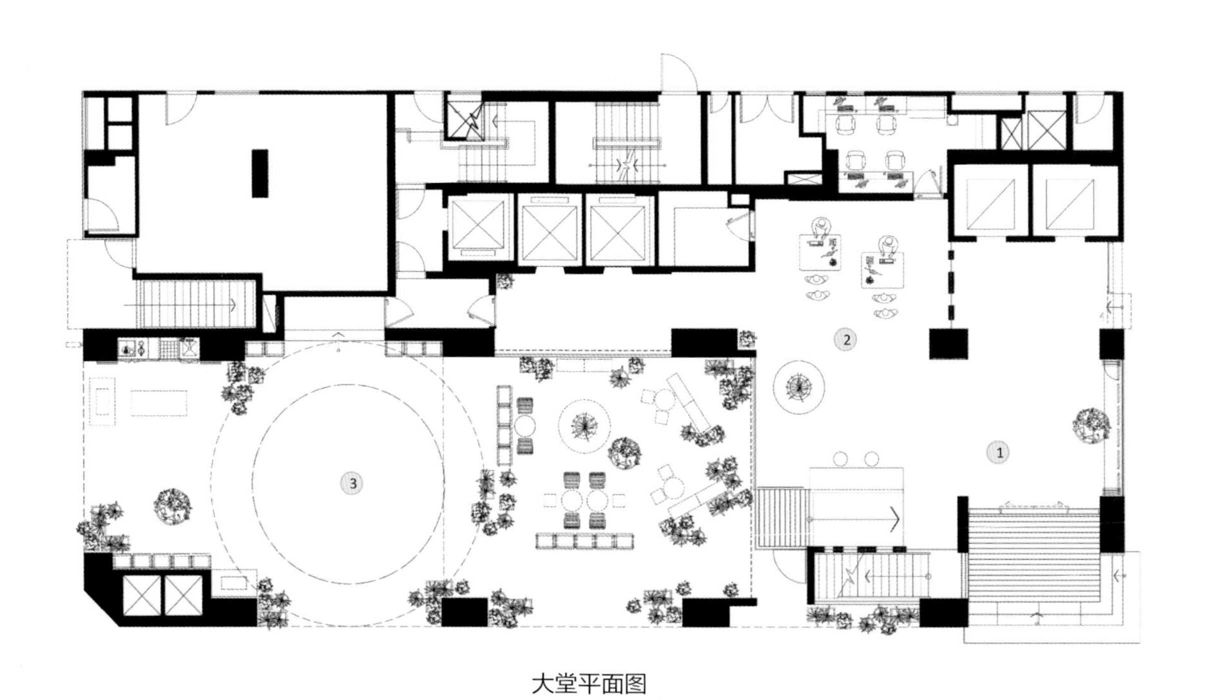

大堂平面图

CULTURAL
ANTHROPOLOGY
A COMMUNITY ART PROJECT
文化人類學

GOOD
FOOD
GOOD
PEOPLE
GOOD
TIMES!

SAVEUR

BRASSAI
AUDREY HEPBURN
SPIELBERG
Leonardo da Vinci

Kartell

SCULPTURE

西塘陌野精品酒店
THE INN BOUTIQUE XITANG

项目名称 _ *西塘陌野精品酒店* / **主案设计** _ *闻珍* / **项目地点** _ *浙江省嘉兴市* / **项目面积** _ *1000 平方米* / **投资金额** _ *30 万元* / **主要材料** _ *老木、棉麻*

A 项目定位 Design Proposition

当代城市人群都厌倦了紧张的生活节奏，向往宁静、轻松的小镇生活，本项目运用了大面积的大地色系，棉麻面料，原木饰面，简约却不简单的铜饰面隐约透露着城市工业的气息。让客人能短暂的告别城市的喧嚣，营造一种独特、自在、舒适的氛围。

B 环境风格 Creativity & Aesthetics

将工业风、北欧风、现代简约风融合到一起，各种材质相互之间的碰撞、融合，展现出另一种风味，与莫干山连锁酒店的相互联系，隐隐透露在各个角落当中。减少过多设计带来的繁复，更多的是让客人在体验中感受设计，强调人性化的设计细节，每个客房都能有自己小憩的空间，宁静冥想的氛围。

C 空间布局 Space Planning

酒店以围合的形式构建，围廊中心的院落可以小憩。客房与客房之间可以互动，营造小镇院落的感觉，轻松惬意、悠闲自在。

D 设计选材 Materials & Cost Effectiveness

以原生态的老木、棉麻质地为主材料，色彩以大地色系为基调，营造温馨、舒适的居住氛围。满目的清水泥、绿植、手工肌理的锤点墙面、与老木头的温暖、材料的生命力传递出质朴与温情。

E 使用效果 Fidelity to Client

与西塘古镇不可多得的宁静相得益彰。与热闹的邻水客栈形成了鲜明的对比，对于只是想来西塘静静心的客人来说，是个不可多得的好去处。

MOOYARD

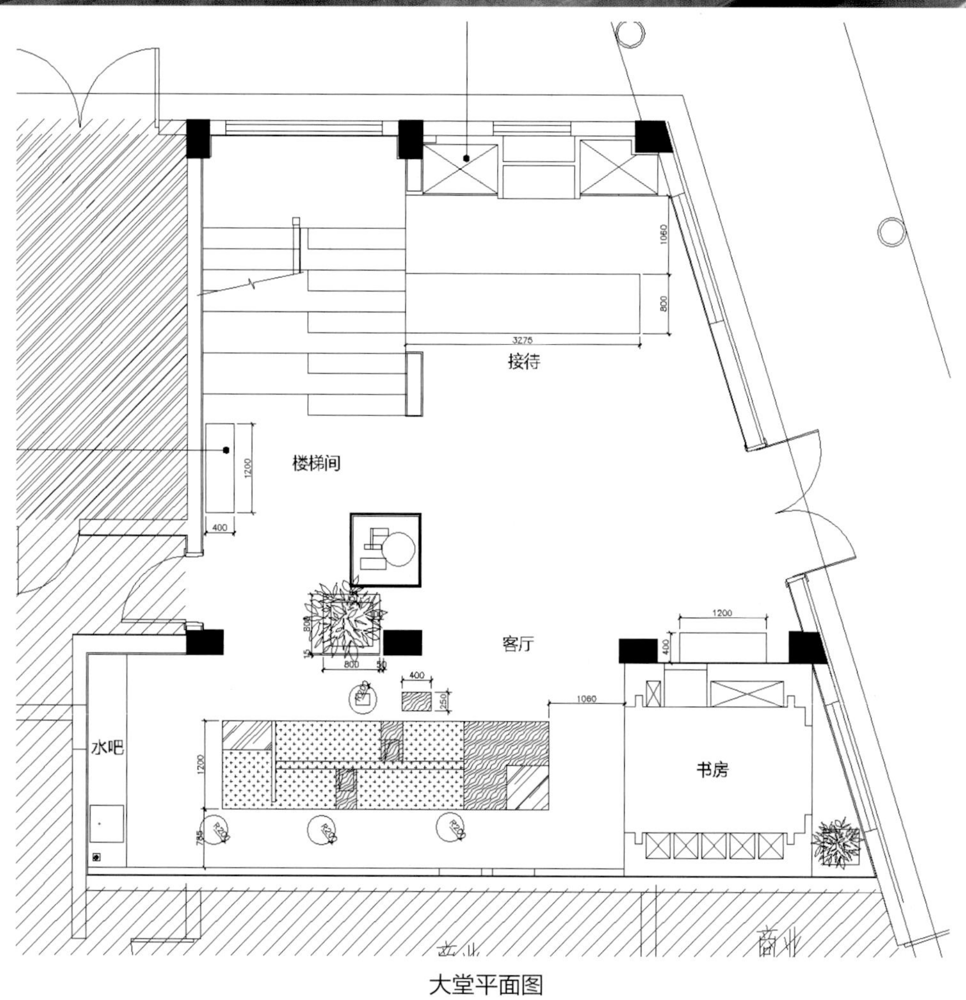

接待
楼梯间
客厅
水吧
书房
3276
1060
800
1200
400
1200
400
1200
1060
400
250
800
800

大堂平面图

黄丝江边度假酒店
YELLOW SILK RIVERSIDE RESORT HOTEL

项目名称 _ *黄丝江边度假酒店* / **主案设计** _ *唐应强* / **项目地点** _ *贵州省黔东南苗族侗族自治州* / **项目面积** _ *50000 平方米* / **投资金额** _ *1000 万元*

A 项目定位 Design Proposition

整个酒店坐落于群山之间，离贵阳市区 1 小时车程，为旧建筑改造项目。山下有少数民族村落，周边有农业观光，酒店在山巅，四周植被环绕，茂密异常，形成天然氧吧，整个酒店与山为伴，回归古朴，传达“采菊东篱下，悠然见南山”之意境；便捷的交通让更多的都市人能在闲暇时光得到一丝放松。

B 环境风格 Creativity & Aesthetics

整个酒店依山傍水，山、水是中国人情思最厚重的沉淀，庭院房所围土胚墙，造型来自汉代，低矮的土墙，让人的交流放下戒备，意图在形成置身山间忘却人世的悠然自得。

C 空间布局 Space Planning

空间布局上没有过多繁琐的布局，以光为影，大堂榫卯结构的大梁层层叠加，让屋顶变得轻盈，整个空间被赋予中国文化云淡风轻的气质。

D 设计选材 Materials & Cost Effectiveness

庭院土墙、成列竹林所用材料均是就地取材。

E 使用效果 Fidelity to Client

开业后，每个双休、节假日，房源全部售空，入住至少要提前一周订房。

5002

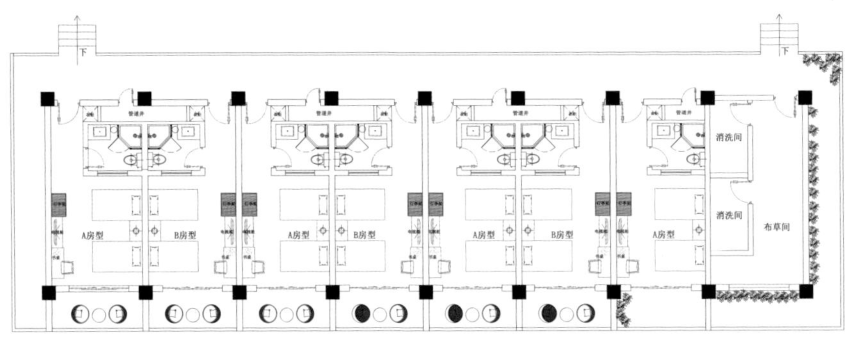

A栋二层平面布置图

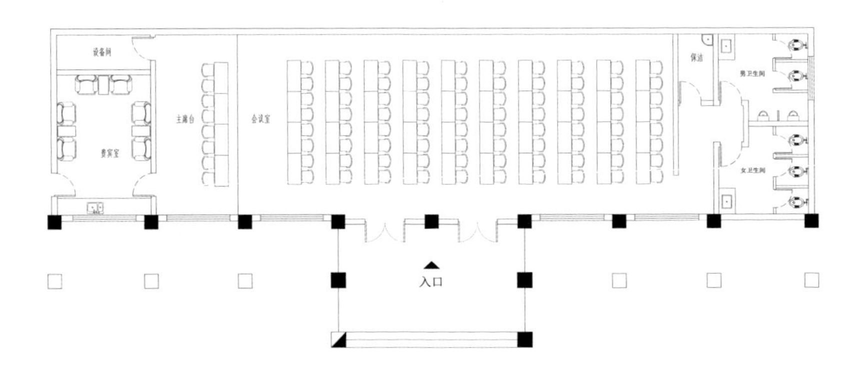

A栋一层平面布置图

平面图

3栋2F

云南西双版纳喜来登度假酒店

SHERATON RESORT HOTEL IN XISHUANGBANNA YUNNAN

项目名称 _ *云南西双版纳喜来登度假酒店* / **主案设计** _ *杨邦胜* / **项目地点** _ *云南省西双版纳傣族自治州* / **项目面积** _*47000 平方米* / **投资金额** _*8000 万元* / **主要材料** _ *肌理漆、浅色木、麻质布艺、水磨石*

A 项目定位 Design Proposition

设计灵感来源于傣族多彩的民族文化、以及本真淳朴的人文风情。从建筑到室内无不彰显出精致与典雅，同时让传奇而浓郁的异域风情扑面而来。这是喜来登酒店品牌理念的极致演绎，也是一次对民族文化经典的传承。

B 环境风格 Creativity & Aesthetics

傣族璀璨的民族文化被深度挖掘，客房选用造型独特的孔雀开屏椅；入口墙面造型的跌级是傣式层层叠级建筑式样的演变；木饰纹样的灵感来源于傣寨吊脚楼栏杆的样式，而用来演奏的傣式象牙鼓化身酒店大堂正中悬挂的灯具，高高低低奏出空间的华章，成为整个空间的亮点。孔雀精致的羽毛被抽象成图形，跃然于酒店的墙面、地毯之上，犹如孔雀展翅飞过盛满金谷的平坝，给空间赋予浪漫的诗意。而孔雀独有的孔雀蓝，结合傣族服饰中亮丽的明黄，被提炼运用到酒店的艺术品中，在以米黄、咖啡为主色调的空间中，犹如点睛之笔，让空间散发出清新高雅的气质。

C 空间布局 Space Planning

酒店整体设计以现代中式为基调，结合傣族建筑元素和文化特色，将现代的线条与传统圆润、流动的曲线相融合，让空间呈现如象之刚，大气雄浑；如孔雀之美，华丽婉约。尤其室内设计注重与建筑型体的结合，强调细节，形成融合低调奢华与内敛雅致的现代触感，彰显独特的热带雨林度假酒店特征。

D 设计选材 Materials & Cost Effectiveness

酒店设计注重自然元素的提炼及环境保护，大量运用科技木等人工建材，打造结合自然的色调和质感，减少了对原木的消耗和对当地环境的破坏，也让室内与室外景观融为一体，完美呈现出典雅内敛、舒适放松的度假空间，带领宾客一同探索彩云之南的神秘之境。

E 使用效果 Fidelity to Client

作为亚太区五家最顶级的喜来登大酒店之一，酒店自开业以来屡获赞誉，备受各界关注，荣获 30 多个酒店行业奖项。

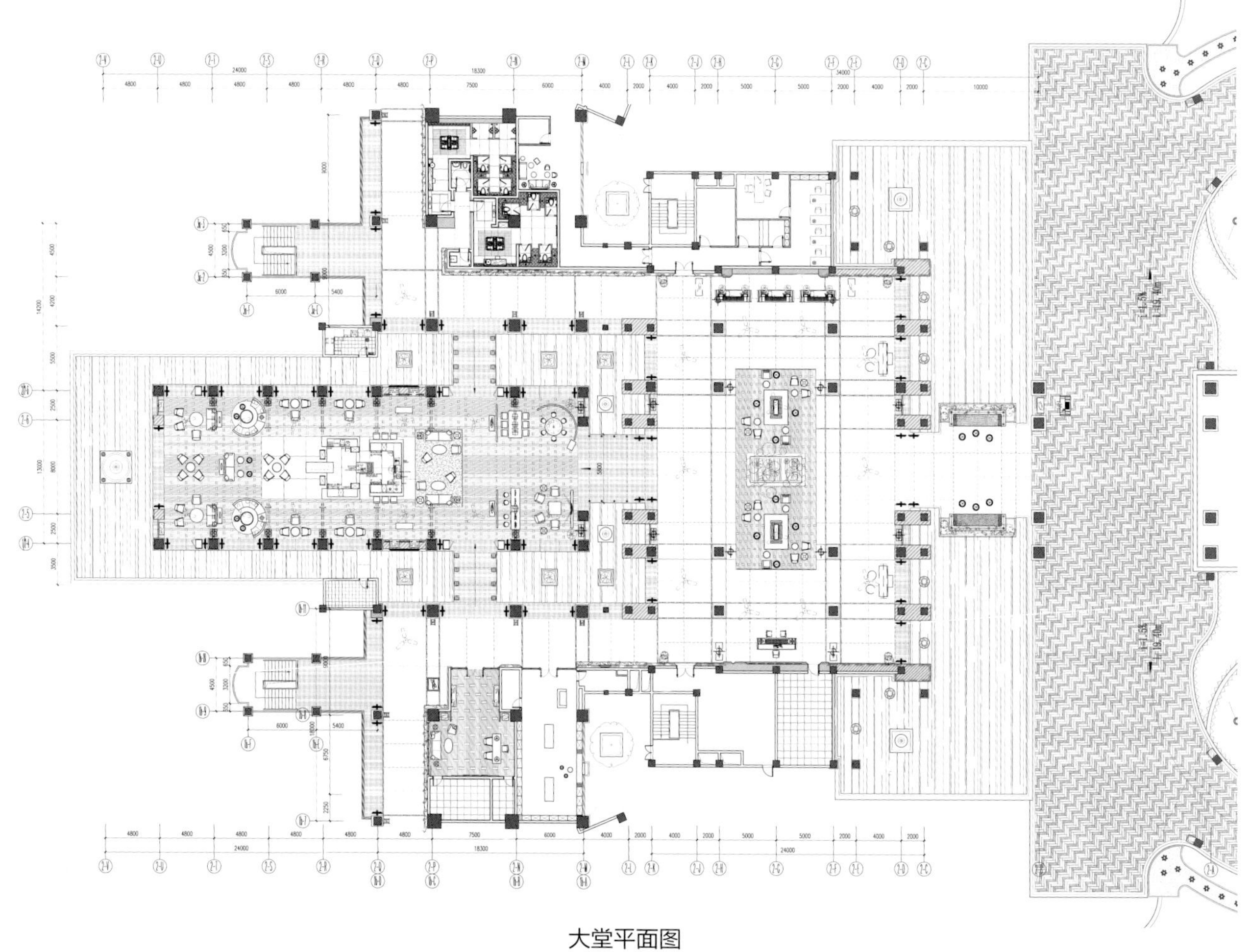

大堂平面图

Restaurant

餐饮空间

本素餐厅
ORIGINAL RESTAURANT

维苏威披萨罗斯福店
VESUVIUS PIZZA ROOSEVELT SHOP

邻·创意餐厅
NEIGHBOR - CREATIVE RESTAURANT

西安坊上人餐饮文景店室内设计
THE DESIGN OF FANGSHANGREN CATERING SHOP AT WENJING ROAD, XI'AN

深宅·家宴
HOUSE, DINNER

Y2.space元色餐厅
Y2.SPACE YUAN RESTAURANT

鲁氏会馆西餐厅
LU'S RESTAURANT

南村喜舍
VILLAGE OF JOY

伴鱼烤货餐厅
FISH AND BAKED GOODS RESTAURANT

朵颐
DORICIOUS

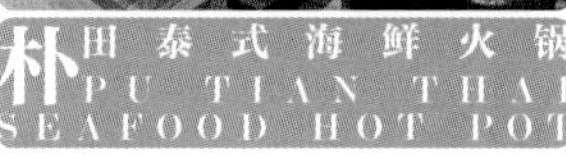

朴田泰式海鲜火锅
PU TIAN THAI SEAFOOD HOT POT

来龙里
DRAGON IN

初·隐，都市居酒屋源烧酒场炭火烧肉店
AT THE BEGINNING, IMPLICIT, URBAN IZAKAYA SOURCE LIQUOR FIELD CHARCOAL GRILL

Jason无界美食餐厅——高颜爆表聚会圣地
JASON UNBOUNDED GOURMET RESTAURANT - BEAUTIFUL TABLE GATHERING HOLY LAND

素研素食餐厅
RESEARCH IN VEGETARIAN RESTAURANT

甘蓝咖啡鲲鹏路店
CABBAGE COFFEE AT KUNPENG ROAD

本素餐厅
ORIGINAL RESTAURANT

项目名称 _ *本素餐厅* / **主案设计** _ *官艺* / **项目地点** _ *上海市嘉定区* / **项目面积** _*900 平方米* / **投资金额** _*400 万元*

A 项目定位 Design Proposition

当下中国的商业综合体内，很多标榜时尚的、年轻化的餐厅设计都奔着“热闹”去了，材质、灯光、陈设甚至音乐都很“热闹”。哪儿来那么多元素，造型？在本素餐厅，水泥、原木、铁件、绿植，它们本来的样子。其实，我只是想安静的吃顿饭。

B 环境风格 Creativity & Aesthetics

让空间回归净与静。时间本来就是设计的一部分。质朴的材料，也许在更经久的同时，也反衬着记忆和情感的浓烈。

C 空间布局 Space Planning

过于饱满的画面，会让食客没有了欣赏和想象的空间，应该适当留白，这也契合了老庄的“有无相生”思想。

D 设计选材 Materials & Cost Effectiveness

我们爱的是素材本身的美感。经过时间淬炼的斑驳，而不是风格潮流。让材料和元素自己发声，老坛和织布梭的再利用，保留了时光印记里原有的斑驳，同时又赋予它时尚与现代的气息。

E 使用效果 Fidelity to Client

空间营造与本素品牌文化，味本清源，璞素归真相得益彰，呈现一种低调内敛的空间性格。

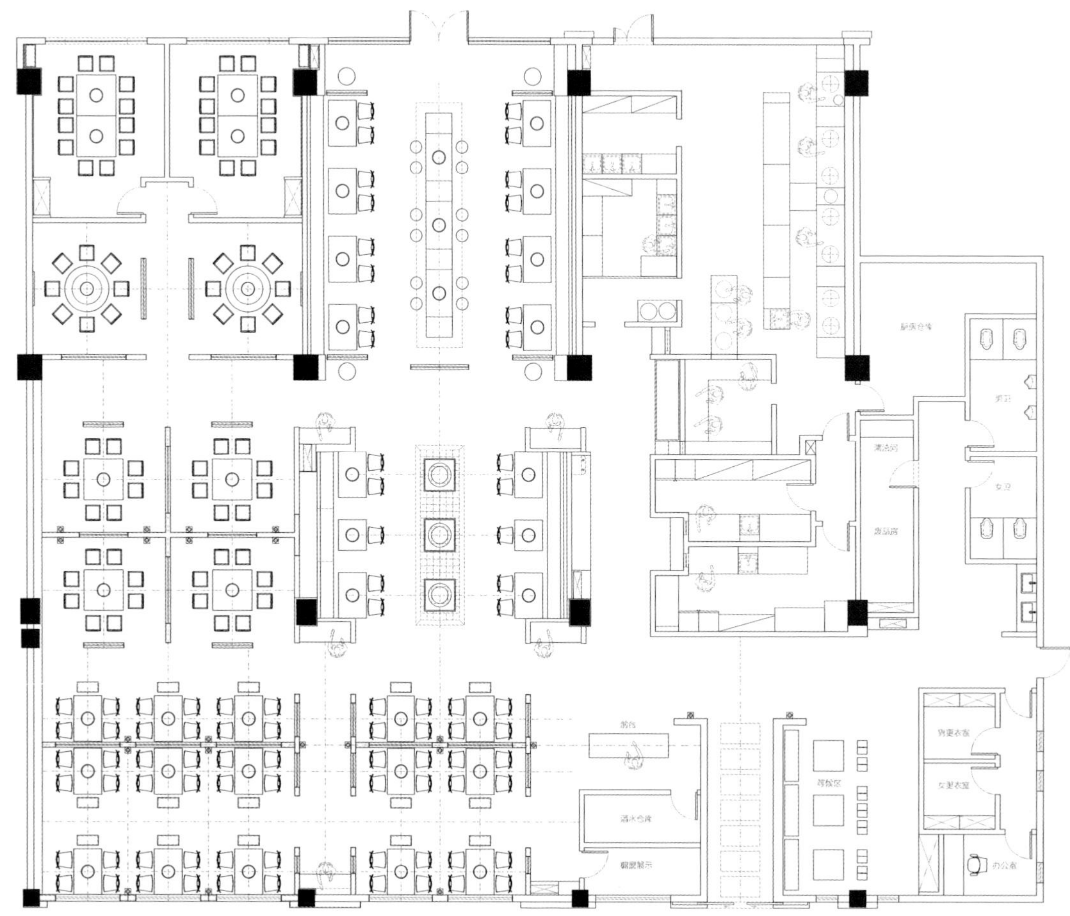

平面图

←E区
Turn Left
点鱼区→
Fish Area

观
艺

维苏威披萨罗斯福店

VESUVIUS PIZZA ROOSEVELT SHOP

项目名称 _维苏威披萨罗斯福店 / **主案设计** _曲春光 / **参与设计** _衣本伟、李佳、罗斯琦、杨莹 / **项目地点** _辽宁省大连市 / **项目面积** _608 平方米 / **投资金额** _500 万元 / **主要材料** _黑板漆、地砖、釉面砖、钢架

A 项目定位 Design Proposition

随着生活品质的逐渐提高，人们对饮食的要求从吃饱到吃好再到吃出品味。于是，消费者对餐饮空间的要求也越来越高，不同的餐饮都要有独特的设计风格，以此吸引消费。 维苏威披萨店，位于繁华商业区，毗邻大客流电影院，主要客群为情侣或有孩子的家庭。所以相较于设计空间，不如说更想要为消费者提供一种生活，一种不为外界所打扰，界限分明的慢节奏的舒适生活。消费者注视着玻璃窗外的一切，外面所有的匆忙、焦躁、纷扰都与自己无关，配着美味，享受自己的时间。

B 环境风格 Creativity & Aesthetics

做一个纯粹的意大利空间，模拟意大利街头场景。在阳伞下，喝着咖啡聊着天，没有一个匆忙的身影，伴着飘满街巷的咖啡与芝士混合的香气，营造清淡的简单快乐。

C 空间布局 Space Planning

在空间布局上，针对不同客群，将空间做三个分区，动静分离最大化。 A 区，临窗情侣区，100 度 + 的广角弧面玻璃窗，街头味道的设计陈列，兼美味与美景共享。B 区，正餐聚会区，众多蜡烛灯的使用，异域氛围浓厚。 C 区，儿童活动区，黑板漆的大面积使用，为孩子提供娱乐空间，为家长减轻负担。

D 设计选材 Materials & Cost Effectiveness

儿童区选用大面积黑板漆，适合半圆形空间的六边形地砖，墙面多使用釉面砖，钢架。

E 使用效果 Fidelity to Client

凭借舒适的环境和独特的风格，让众多消费者享受用餐时刻，得到广泛好评。

Vesuvi
NAPOLI
UMBRIA
Vesuvi
CAPRI

VESUVI
PIZZA
VESUVI

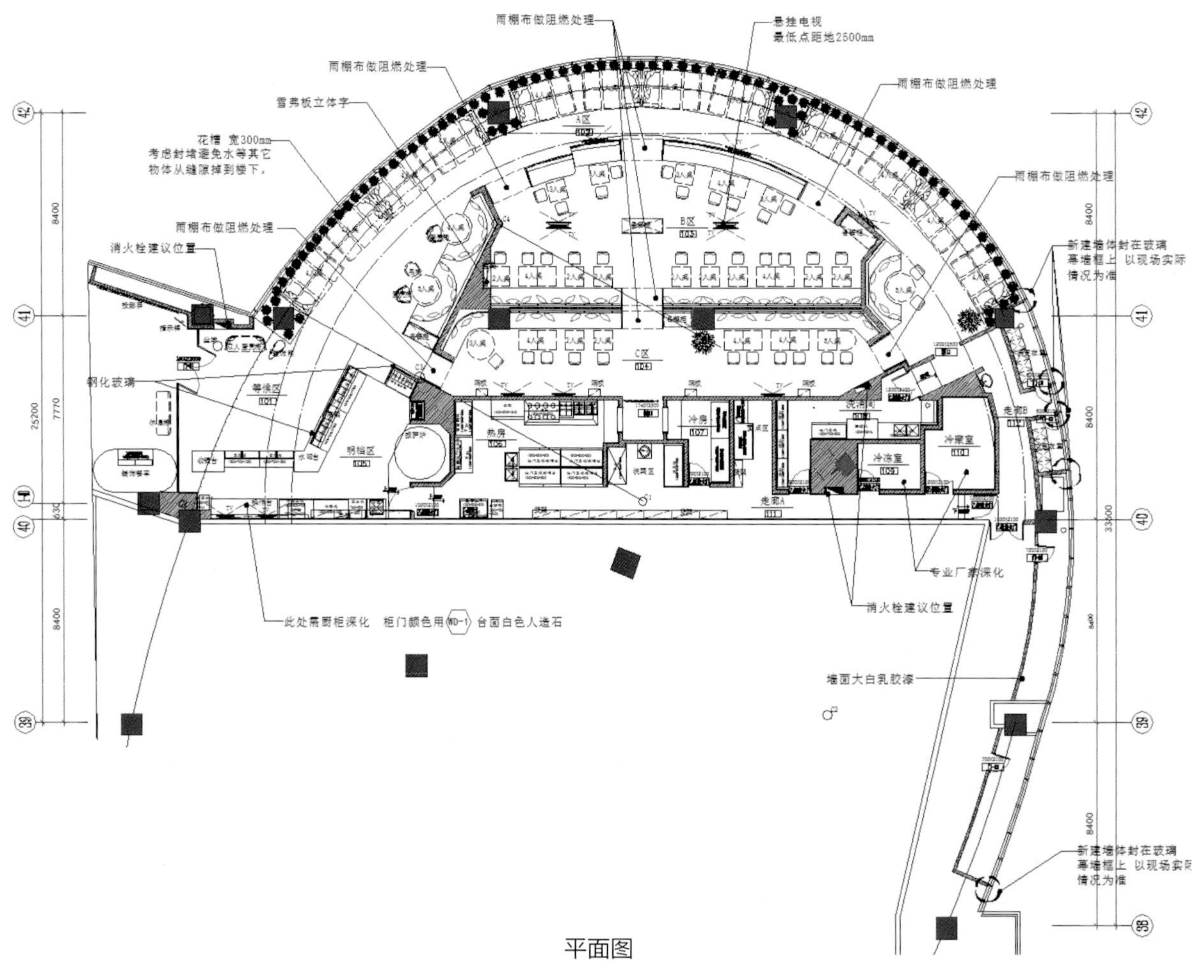

雨棚布做阻燃处理
悬挂电视
最低点距地2500mm
雨棚布做阻燃处理
雨棚布做阻燃处理
雪弗板立体字
花槽 宽300mm
考虑封堵避免水等其它
物体从缝隙掉到楼下。
雨棚布做阻燃处理
雨棚布做阻燃处理
消火栓建议位置
新建墙体封在玻璃
幕墙框上 以现场实际
情况为准
A区
B区
C区
钢化玻璃
等候区
明档区
热房
冷房
冷冻室
冷藏室
走廊A
走廊B
专业厂家深化
此处需厨柜深化 柜门颜色用 WD-1 台面白色人造石
消火栓建议位置
墙面大白乳胶漆
新建墙体封在玻璃
幕墙框上 以现场实
情况为准
8400
7770
25700
8400
8400
33000
8400
42
41
40
39
38

平面图

E V
SU I
PI ZZA

ITALY
the best
vesuvi
PIZZA
pizza

Enjoy
yourself

Vesuvi

Vesuvi

Yes,
of
course
it is
delicious

pizza
enjoy
*** yourself
real italian recipe
VESUVI
enjoy yourself
Welcome
traditional
Pizza
2015

VESUVI
PIZZA

邻·创意餐厅
NEIGHBOR - CREATIVE RESTAURANT

项目名称 _ 邻·创意餐厅 / **主案设计** _ 景金鹏 / **参与设计** _ 梁豪 / **项目地点** _ 陕西省西安市 / **项目面积** _400 平方米 / **投资金额** _260 万元 / **主要材料** _ 木地板、石材等

A 项目定位 Design Proposition

由于业主方有海外生活背景，希望共同打造一家从视觉、味觉、感受上都适合海归的聚点，同时给当地城市带来纯正西餐味觉传递及时尚概念的用餐环境。

B 环境风格 Creativity & Aesthetics

本案采用当代的设计手法，极简风格，打破常规将一些传统做法概念化。

C 空间布局 Space Planning

每一个就餐区就有自己相对独立的区域，同时视觉上并不完全隔档，在 2F 由于层高高度，设置一间完全悬空吊挂的包厢，使空间结构感增强，功能增加。

D 设计选材 Materials & Cost Effectiveness

主要采用材质间的颜色及质感对比，例如：梯空间黑色木地板与白色石材的强烈反差形成强大的视觉冲击力，地面白色亮光石材和墙面白色手工毛面石材又形成细腻与粗犷之间的对比，给人强烈是视觉冲击力。

E 使用效果 Fidelity to Client

该项目提供了多种不同的用餐感受，例如 2F 空间顶面装设了 280 多个单线泡泡灯，高低错落形成满天星的视觉效果，傍晚有一种坐在户外星空下用餐感受，仿佛身临其境，最终达到与众不同用餐感受。

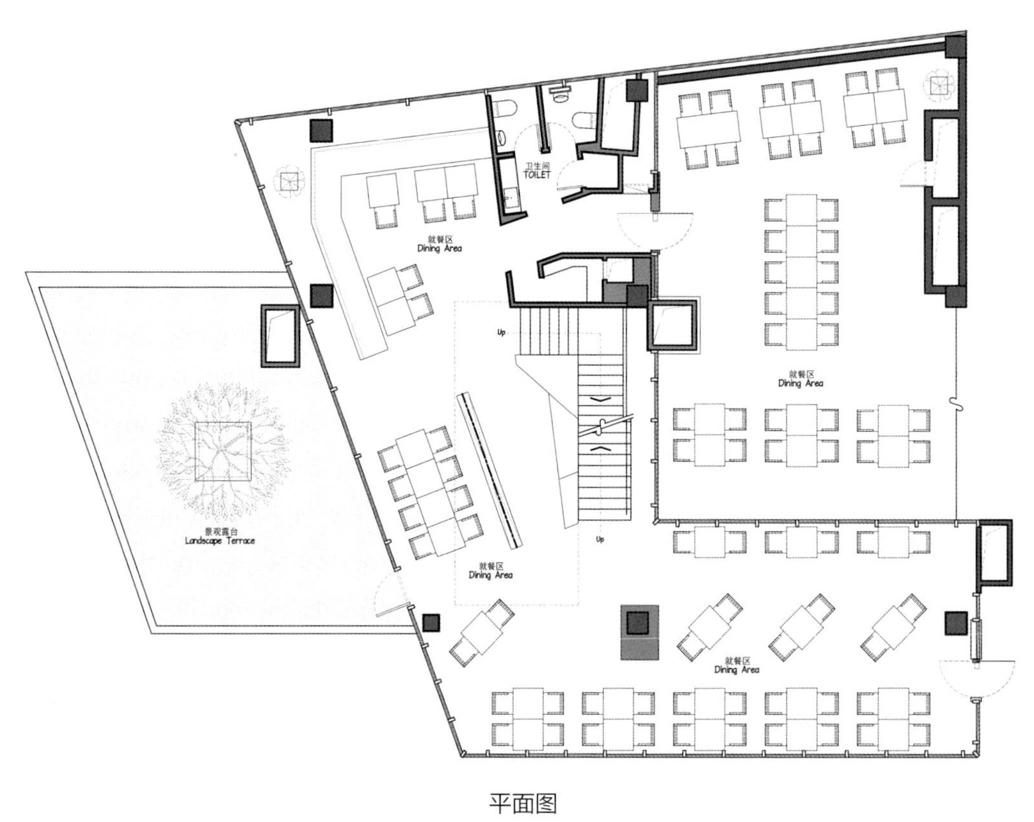
卫生间
TOILET
就餐区
Dining Area
就餐区
Dining Area
Up
Up
景观露台
Landscape Terrace
就餐区
Dining Area
就餐区
Dining Area

平面图

西安坊上人餐饮文景店室内设计
THE DESIGN OF FANGSHANGREN CATERING SHOP AT WENJING ROAD, XI'AN

项目名称 _ *西安坊上人餐饮文景店室内设计* / **主案设计** _ *陈海* / **参与设计** _ *赵文文、徐闯、苏朋* / **项目地点** _ *陕西省西安市* / **项目面积** _ *2650 平方米* / **投资金额** _ *600 万元* / **主要材料** _ *手工弹涂、镂空铝板*

A 项目定位 Design Proposition

坊上人文景店是坐落于古城西安的一间清真餐厅，一个具有伊斯兰文化的、舒适的用餐环境是笔者对于该项目的定位。

B 环境风格 Creativity & Aesthetics

建筑室内共三层，室外有一部分阳台的加建，整个建筑形式基本属于简洁的现代风格，但又与纯粹的现代风格略有不同。笔者以九角星——伊斯兰装饰图案中的一个核心元素，作为整个建筑空间构件的形式基础。

C 空间布局 Space Planning

建筑整个的室内空间是由柱林组织而成，柱林由三种空间类型构成。其一，是由四根柱子围合而成一个空间，可满足一家三口用餐；其二，是由十根柱子围合而成一个空间，营造出餐厅中的一个小的公共中庭；其三，是由十多根柱子围合而成一个矩形空间，可满足一个包间的空间大小。这几种空间类型组成了一个有机的柱林，既带给顾客一种崇高的仪式感，同时又很自然地解决了空间的功能布局。

D 设计选材 Materials & Cost Effectiveness

此次设计选用的材料非常简洁，整体分为实与虚两个部分，每一个部分由一种材料构成。实的部分就是一些实体墙体、柱子，材料用的是白色的手工弹涂；虚的部分是一些建筑分隔，比如填充墙、栏杆、阳台、加建部分，材料用的是镂空铝板，其纹样就是九角星的多样组合。

E 使用效果 Fidelity to Client

一家三口或情侣非常乐意选择四柱围合的用餐环境，围合却又通透，私密却不封闭；十柱中庭给喧闹的餐厅带来了一种静谧的氛围，留白的中庭空间向顾客传达着一种平和的心态；多柱餐厅包间空间方正，柱子对空间的围合给顾客带来了更私密的空间感受，与包间的功能相辅相成。 设计是为了更好的体验，若顾客身处在餐厅中能感受到些许文化，能感受到一丝舒适，笔者就已经非常欣慰了。

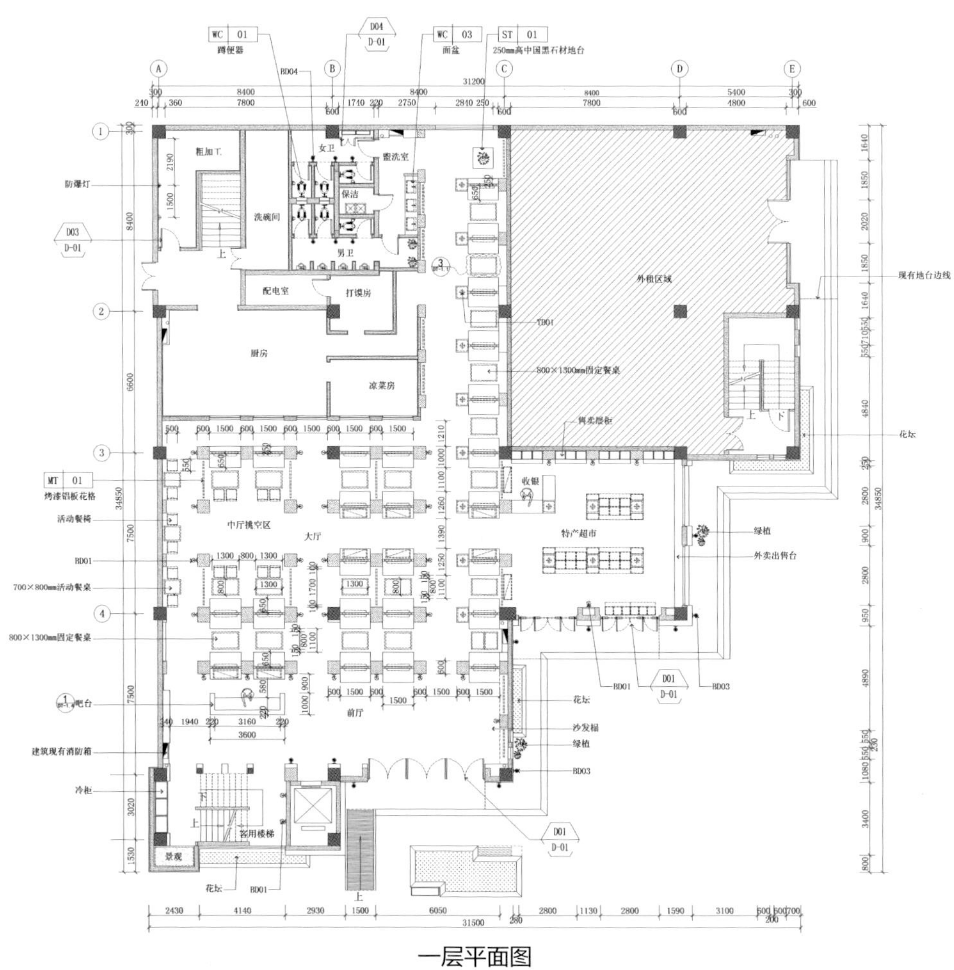

一层平面图

國食
國花牡丹國食
乃古長安坊上
之牛羊肉泡饃
矣自漢一降歷
經唐宋明清蘊
坊上人飯莊

深宅·家宴
HOUSE, DINNER

项目名称 _ *深宅·家宴* / **主案设计** _ *张向东* / **参与设计** _ *李佳怡、褚海波* / **项目地点** _ *浙江省宁波市* / **项目面积** _ *1600 平方米* / **投资金额** _ *500 万元* / **主要材料** _ *青砖，木地板等*

A 项目定位 Design Proposition

吸取台风菲特带给我们的教训，设计师认为“阳光、风、水、树”等元素为代表的大自然才是这个世界的主宰。

B 环境风格 Creativity & Aesthetics

就中国文化而言，院落是安顿生命、安顿家属、安顿精神的场所，一道墙把一个家庭围起来以后，里面是个独立的世界，院落是他们的天地。深宅家宴的构想油然而生，接下来的工作一切都顺理成章了：内敛、低调与含蓄是整个会所的主题。

C 空间布局 Space Planning

设计方案中设计师在空地上划了三个方块，分别取名为“园林”“树井”“水景”，四周用高大的围墙围合起来，形成一处私密的院落。一层入户经过荷花池长廊步入室内，隔绝了尘世的喧哗，停泊于水中的一叶扁舟则讲述着属于江南水乡的故事，池水亦能在炎炎夏季消暑降温；长廊的尽头是布满越窑古青瓷碗的墙面，将数千年历史的记忆娓娓道来；大堂吧、茶室通过折叠门与户外庭院相连接，让来宾感受着四季流转；室内空间因地制宜采用了对流通风、大面积落地玻璃窗的形式，一扫仿古建筑采光不足的通病，将鲜活的空气与明媚阳光引入室内；大厅设置了农产品展示区，地面老石板与天花板上《清明上河图》的古代市井生活遥相呼应。二层包厢除了“青瓷”包厢外，分别以“荷花”“麋鹿”“蝴蝶”为主题进行表现，诠释杭州湾湿地多姿多彩的生态文化。三层“公馆”包厢将传统中式和红酒吧相融合，中西文化的在此碰撞共鸣，完美结合。

D 设计选材 Materials & Cost Effectiveness

低调内敛的选材才更符合设计师所想要的环境氛围，如青砖、木地板等。

E 使用效果 Fidelity to Client

整个空间以不同的视角多层次表现了慈溪当地的地域特色，营造出寂寂静谧里，世事暂抛却，浑然乐忘归的轻松、愉悦的氛围。

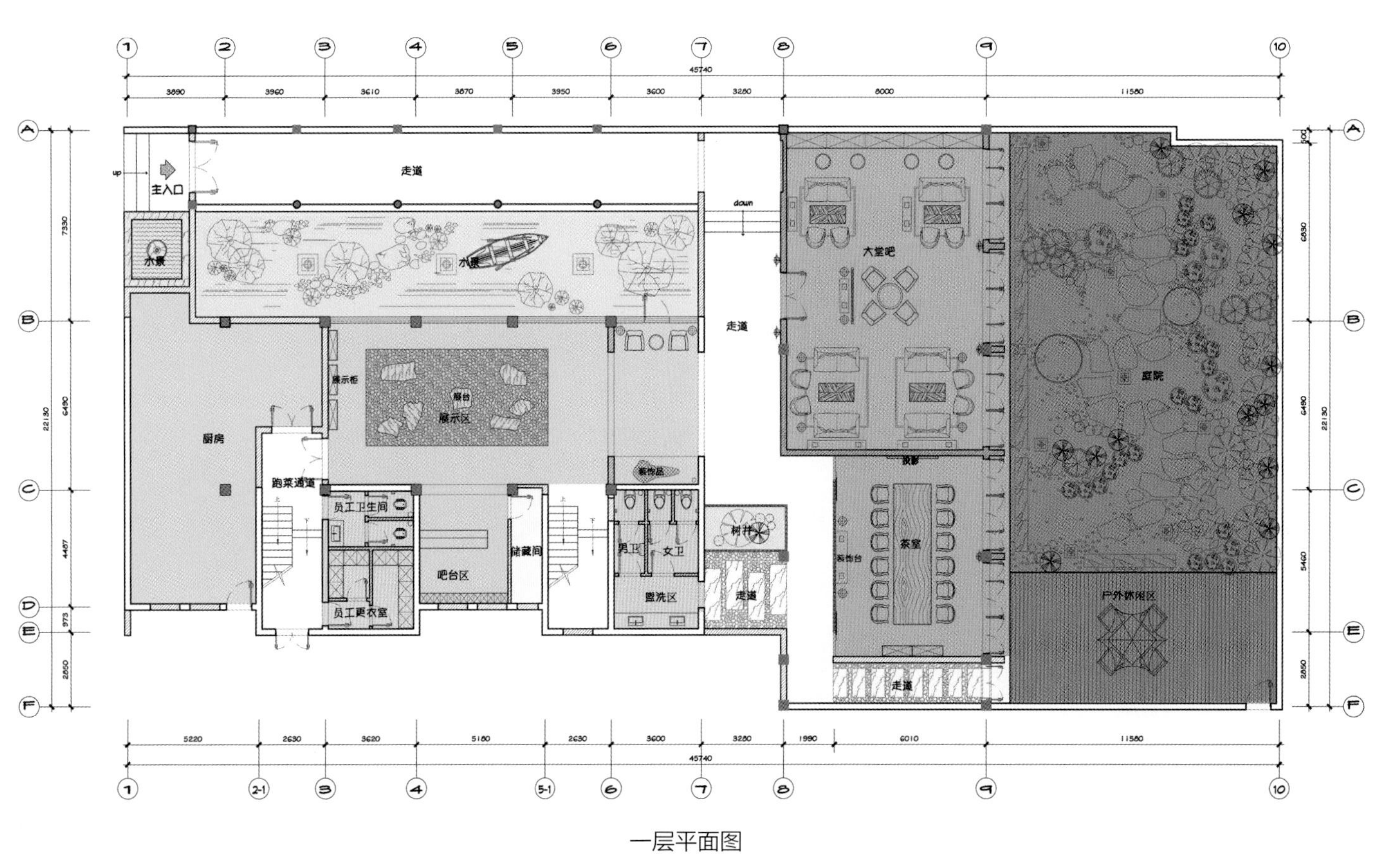
走道
主入口
水景
大堂吧
走道
展示柜
展示区
厨房
跑菜通道
员工卫生间
员工更衣室
吧台区
储藏间
男卫
女卫
盥洗区
树井
走道
茶室
庭院
户外休闲区
走道

一层平面图

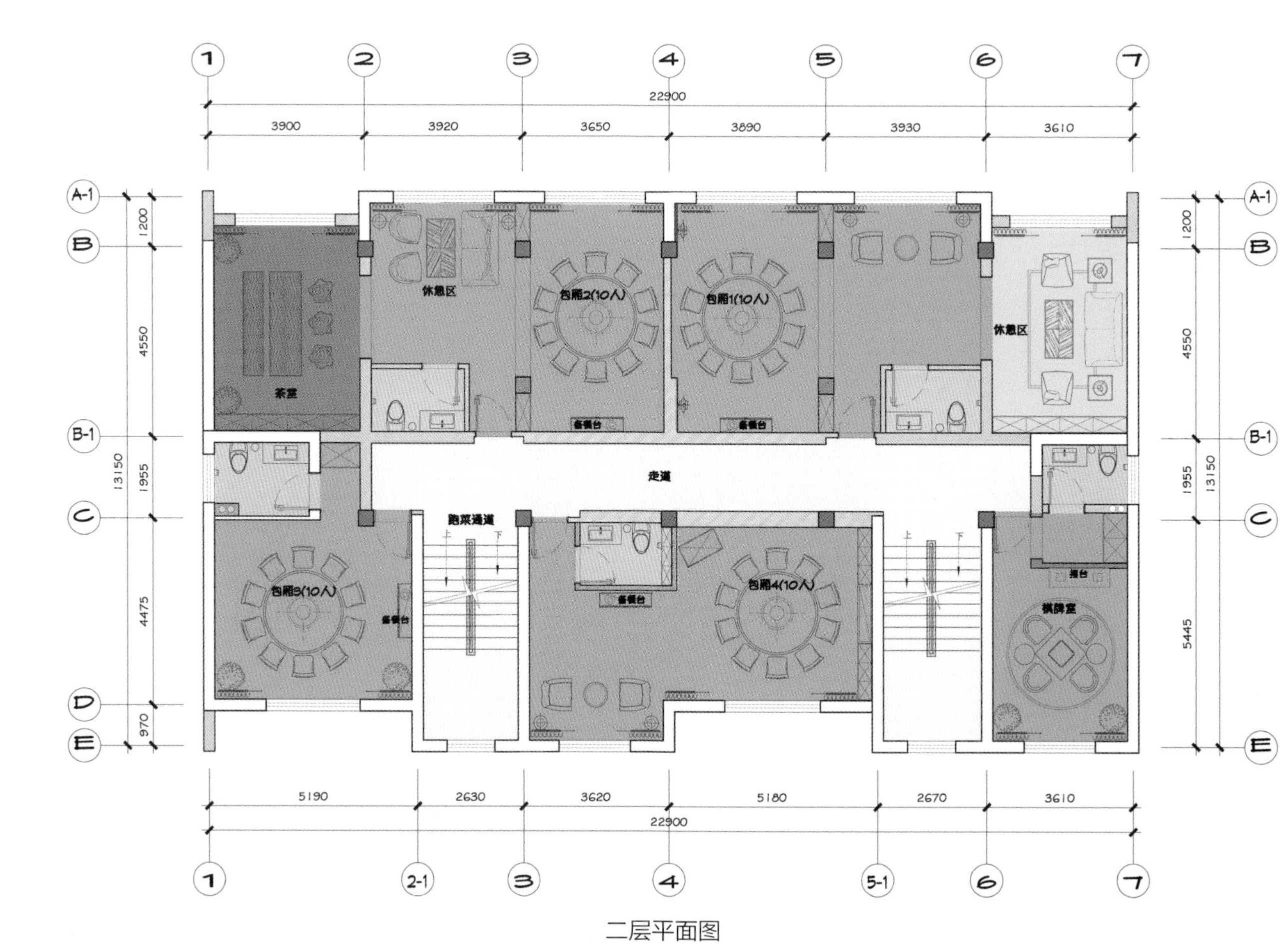

1
2
3
4
5
6
7
22900
3900
3920
3650
3890
3930
3610
A-1
B
B-1
C
D
E
1200
4550
1955
4475
970
13150
5445
茶室
休息区
包厢2(10人)
包厢1(10人)
休息区
备餐台
备餐台
走道
跑菜通道
包厢3(10人)
备餐台
备餐台
包厢4(10人)
棋牌室
5190
2630
3620
5180
2670
3610
22900
1
2-1
3
4
5-1
6
7

二层平面图

Y2.space 元色餐厅

Y2.SPACE YUAN RESTAURANT

项目名称 _Y2.space 元色餐厅 / **主案设计** _刘攀 / **参与设计** _王晓蒙 、徐再攀、陈杨、邓义川 / **项目地点** _重庆市江北区 / **项目面积** _500 平方米 / **投资金额** _200 万元 / **主要材料** _环氧树脂自流平镜面漆、镀锌板

A 项目定位 Design Proposition

这是一个全新模式的餐厅，从视觉到味觉都追求品质，希望给客户带来不一样的感受。

B 环境风格 Creativity & Aesthetics

在材质和颜色我们做了很强的对比，营造出一个仿佛在时空般梦幻的秀场餐厅。

C 空间布局 Space Planning

整个空间是一个长方形，中间有深重柱，围绕柱子把 T 台做成了一个 S 型的舞台，反而弱化了柱子本身，让 T 台也变得有灵动性，两边为卡座，可以让客户在就餐的时候欣赏 T 台秀。

D 设计选材 Materials & Cost Effectiveness

整个舞台选用了环氧树脂自流平镜面漆，有反光的效果，顶上的白色石块是用镀锌板制作，有 300 多个不同大小的组成一片陨石效果。

E 使用效果 Fidelity to Client

首先创意上达到了非常好的效果，符合了甲方最初的定位，也是一个颠覆性的作品。

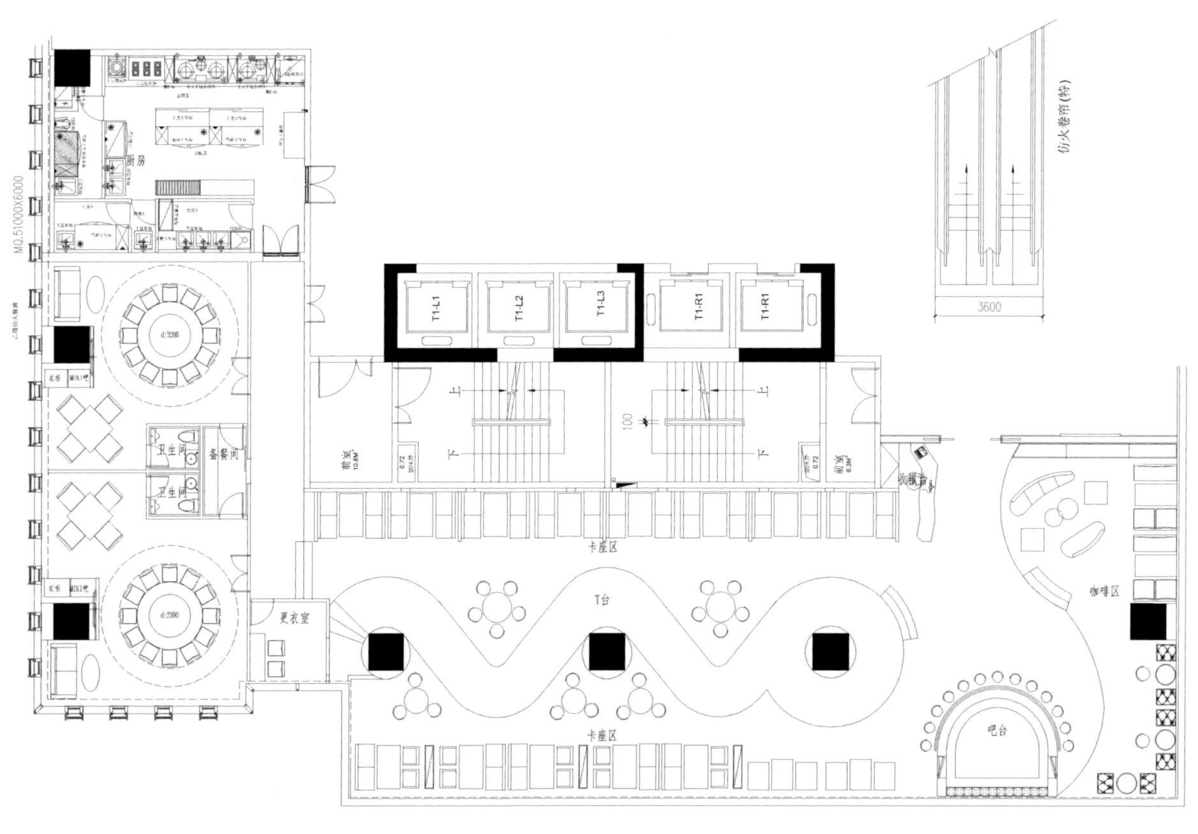

平面布置图

鲁氏会馆西餐厅

LU'S RESTAURANT

项目名称 _ *鲁氏会馆西餐厅* / **主案设计** _ *郭明* / **项目地点** _ *贵州省安顺地区* / **项目面积** _*1500 平方米* / **投资金额** _*260 万元* / **主要材料** _ *石材、水曲柳、乳胶漆等*

A 项目定位 Design Proposition

设计师在保留历史文化、尊重地域特色的同时，将传统文化与现代设计结合，使之成为符合当代审美和使用需求的餐饮空间，从而带动景区及旧州古镇经济发展。

B 环境风格 Creativity & Aesthetics

餐厅的整个空间设计都彰显着一种尊贵优雅且具人文气质的哲思美学，它温暖、自由、崇敬历史文化，并且拥有深入骨髓的隐逸情怀。从设计师的视角，我们将鲁氏西餐厅的设计过程理解为共生、共融的探讨。空间与地域的共生、空间与文化的共生、空间与人的共生、艺术品与家具的共生、古典与现代的共生……

C 空间布局 Space Planning

考虑到建筑本身有着与周围环境极为融合的气质，设计师决定尽可能保留原建筑风貌。白墙黑顶的搭配醒目独特，传统的轿顶设计及木质回廊，营造出民国特有的设计风格。南方特色的留白设计，凸显整体布局的素净平和，而西式拱门及整体中轴线的运用，呈现出一个自由开放、自然人文的精神空间。“中式民族古建筑”与“欧式田园风”自然融汇，井然有序的镜像了东西方不同的人文意向，移步换景，情节线索疏密有致，令就餐者在复古浪漫的视觉语法作用下，瞬间领略空间流溢出的摩登气息。而室内透过樑、檩、脊、檐让东方的“禅”与西方的“净”加以结合，赋简约的精致以静谧的情绪。 二楼空间的营造朴实无华，平淡中却处处见惊喜。空间氛围真实、自然、贴近人心。白墙、红砖，最简单的材料却烘托出温暖、真实的气氛。

D 设计选材 Materials & Cost Effectiveness

地板选用爵士白石材与黑白根石材，营造西式浪漫格调。吧台以水曲柳做主材。白色乳胶漆的墙面，沿袭南方传统粉黛白墙的建筑风格。

E 使用效果 Fidelity to Client

鲁氏会馆本身设计风格的独特性成为景区内特色的风景线，再加上其特有的文化底蕴——美好爱情的象征，使得西餐厅客流量源源不断。

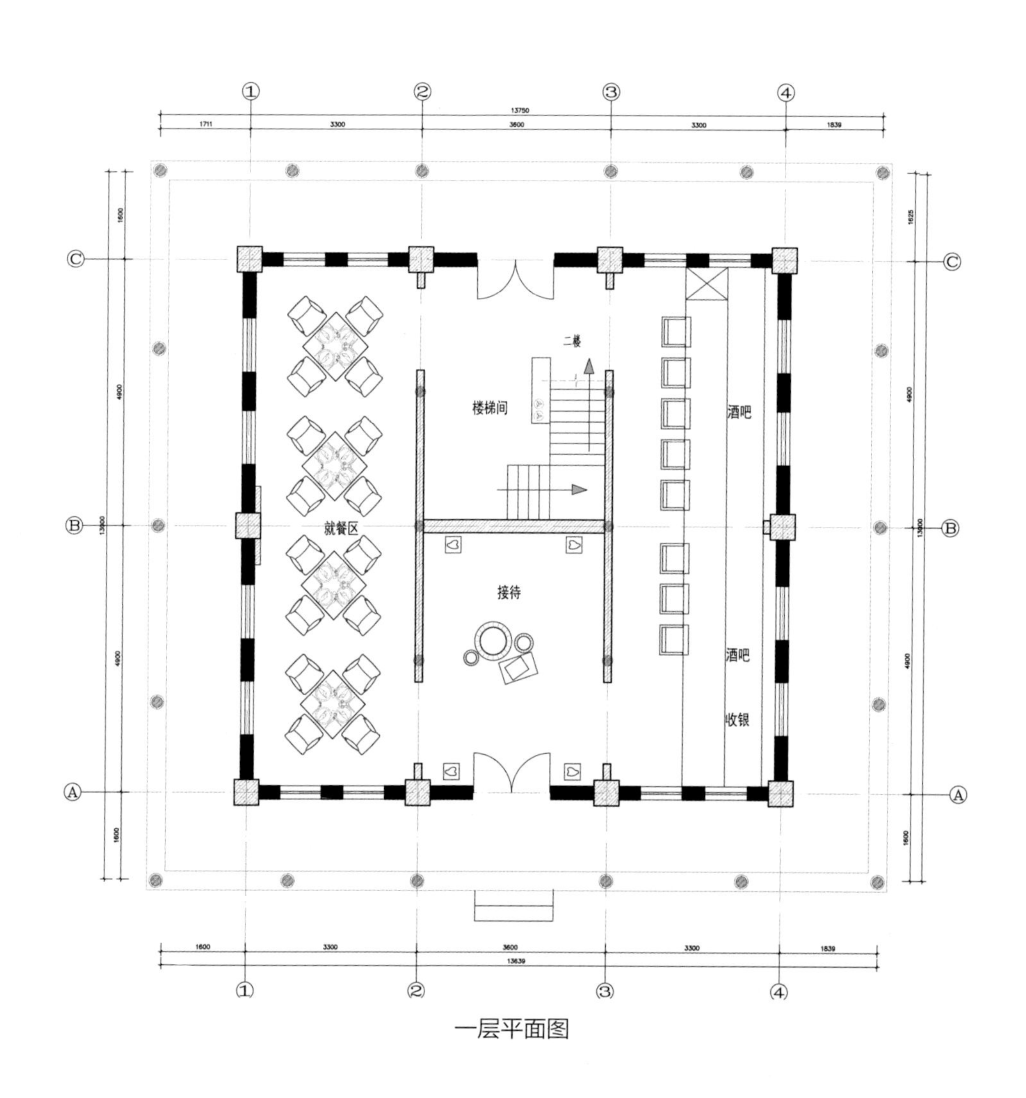

13750
1711
3300
3600
3300
1839
二楼
楼梯间
酒吧
就餐区
接待
酒吧
收银
1600
3300
3600
3300
1839
13639

一层平面图

Paris

南村喜舍
VILLAGE OF JOY

项目名称 _ *南村喜舍* / **主案设计** _ *左斌* / **参与设计** _ *刘海波* / **项目地点** _ *安徽省合肥市* / **项目面积** _ *450 平方米* / **投资金额** _ *150 万元*

A 项目定位 Design Proposition

在这个万物互联的时代，当大量的信息和各类空间可以被轻松搜索和复制，能够通过身体去感知和体验，给人留下记忆的东西却越来越少。在这样的情况下，南村喜舍的空间定位由此产生：营造一个舒适、愉悦的氛围感受，得到一种物质和精神上的领悟。

B 环境风格 Creativity & Aesthetics

项目位于老城区的中心地带，周边有丰富的绿植。室内与室外的关系，老建筑与新改造的关系，是考虑的主要方向。

C 空间布局 Space Planning

对环境的认知是内外连续的整体，从重组关系的角度来重新设计，原建筑空间较为封闭，为了将室外的自然景观引入室内，新建大面积的落地玻璃，引入自然景观的同时，也柔化了建筑与环境的边界。建筑本身已经是旧建筑，拆除了经过多次覆盖的建筑材料，还原建筑本身的结构。新的改造并没有完全代替旧的建筑结构，而是保留一些建筑本身的记忆，通过新和旧的共存方式，相互映射和交互，增加更多维度的空间体验，由此人、物、空间共同形成一个整体性的氛围。

D 设计选材 Materials & Cost Effectiveness

改造基本上摒弃了室内装饰，仅利用“白”整合室内界面，使其恢复到纯粹空间状态，以将自然光的魅力展现到最大。

E 使用效果 Fidelity to Client

项目完成后，在周边有较大的反响，反应较好。

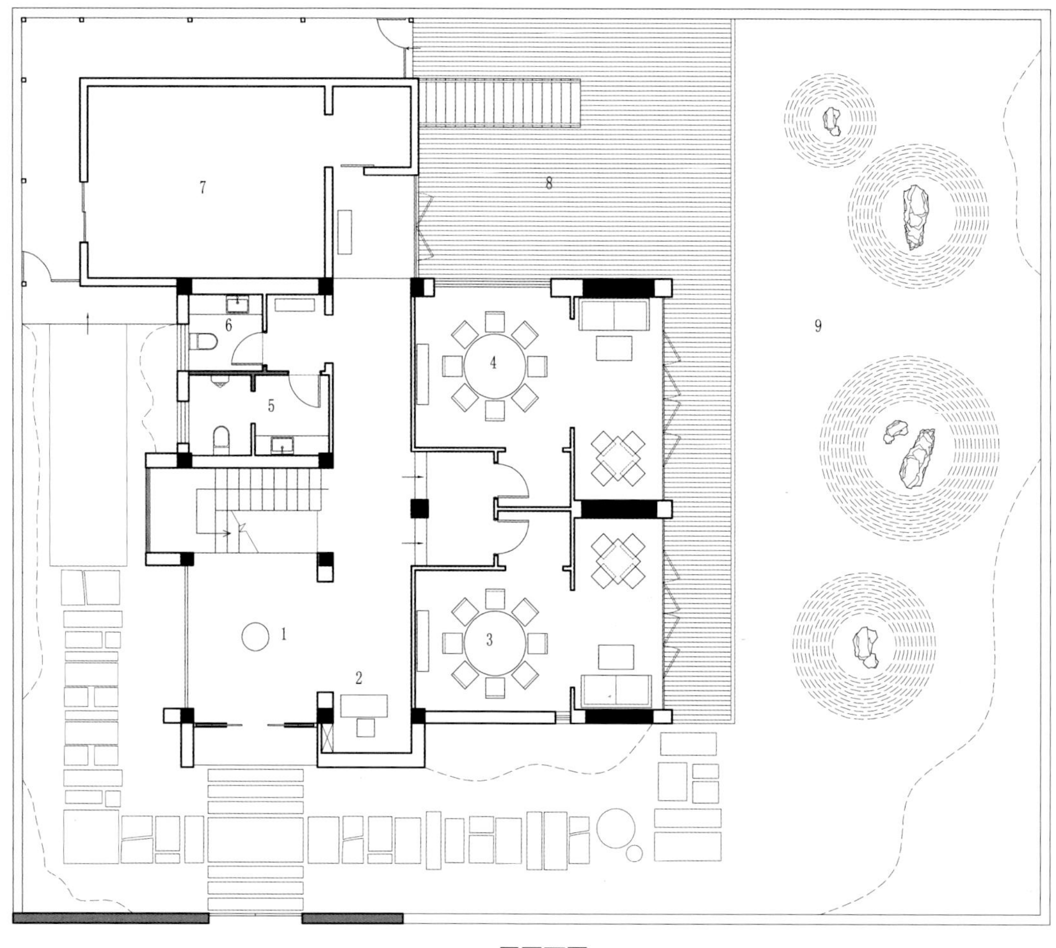

一层平面图

伴鱼烤货餐厅
FISH AND BAKED GOODS RESTAURANT

项目名称 _ *伴鱼烤货餐厅* / **主案设计** _ *夏志华* / **项目地点** _ *浙江省宁波市* / **项目面积** _*200 平方米* / **投资金额** _*50 万元*

A 项目定位 Design Proposition

本案坐落于慈溪市城区，是一家以烤鱼、烧烤为主题的音乐餐厅。门外一整面的红砖墙混搭大面积玻璃和彩漆木板，顶上三扇圆窗充满瑰丽的想象，从中泛出的暖黄灯光使人倍感温馨从容，让人不禁有推门而入的欲望。

B 环境风格 Creativity & Aesthetics

设计师充满了天马行空般的想象力，他从 LOFT 风格中汲取灵感，但又不拘泥其中，将诸多不同风格元素都融入于此而毫无违和感。

C 空间布局 Space Planning

铁制楼梯上增加了实木踏板，既减少了楼下食客所遭受的噪音，又让上楼顾客的脚感得到提升。拾级而上，绵延的水管扶手，恍若王家卫的长镜头，徐徐将食客引到二楼，令人眼前一亮：随处可见的个性化定制组件和风格迥异的手绘，令视觉效果别具一格，亦为消费者创造了良好的用餐体验。墙绘上一双双迷人的大眼睛忧郁而灵动；LED 灯被多面金属灯罩包裹，仿佛一颗颗硕大的钻石，让空间熠熠生辉；漆痕斑驳的旧木板，光鲜亮丽的软包卡座，在同一空间里形成鲜明对比，让此间有时空交错碰撞的激荡感；红砖再次成为建筑的延伸，组成三个联通室外的拱形包间，恍若 18 世纪的伦敦街头。这里交织着粗犷与细腻、简约与繁华。时间与空间的种种细节被营造和把握得恰到好处，无一不体现着设计师的功底与情怀。

D 设计选材 Materials & Cost Effectiveness

灰色的水泥墙配上纯白的英文标语，创造了老旧却又摩登的视觉效果；拙朴的水管被漆上红蓝两色，变成了楼梯扶手、网状隔断和颠覆传统的装潢方式；墙上的软包被特地设计成篱笆图案，将乡村田园的惬意闲适纳入进来。

E 使用效果 Fidelity to Client

每当夜幕降临，食客在激昂的乐曲声中或享用香气四溢的烤鱼，或大块朵颐外酥里嫩的烤串，享受“色、香、味、境、音”如同交响乐五重奏般的曼妙体验。

HAVE YOU EVER BEEN TO THE
HERE REAllY TASTES DELICIOUS

HAVE YOU EVER BEEN TO THE
BANYU BARBEQUE RESTAURANT THE FOOD
HERE REAllY TASTES DELICIOUS
ALL YOU NEED IS LOVE

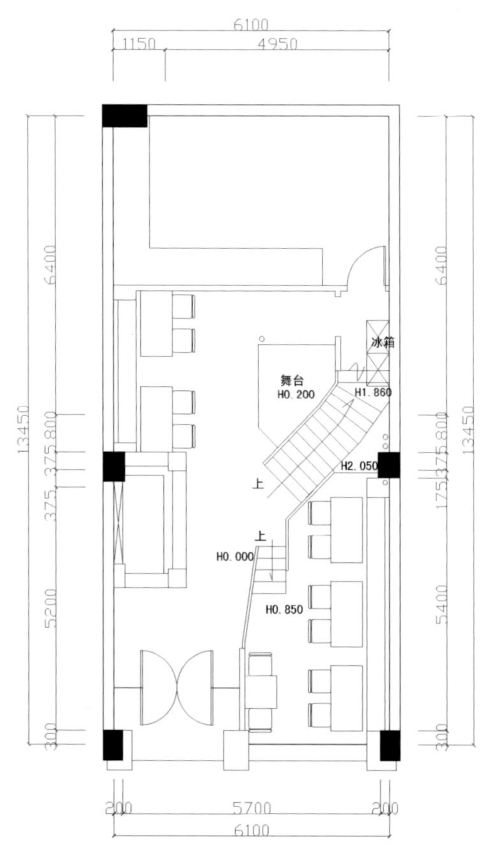
6100
1150
4950
6400
13450
800
375
375
5200
300
冰箱
舞台
H0.200
H1.860
H2.050
上
上
H0.000
H0.850
175
5400
200
5700
200
6100

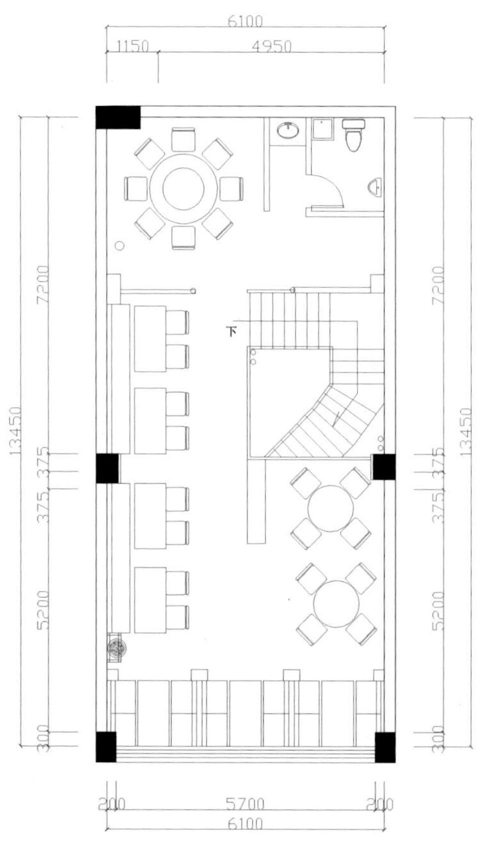
6100
1150
4950
7200
13450
375
375
5200
300
下
200
5700
200
6100

平面图

VE YOU EVER BEEN TO
BARBEQUE RESTAURANT
RE REAIIY TASTES DELICI

I was a

WHISKEY
CURIOSITIES TAXIDERMY
52N
FIFTY

ALL YOU
NEED IS
LOVE

朵颐 DORICIOUS

项目名称 _ 朵颐 / 主案设计 _ 陈文豪 / 项目地点 _ 台湾台北市 / 项目面积 _275 平方米 / 投资金额 _220 万元

A 项目定位 Design Proposition

全球东西方国家因地理及气候条件，产生多元而迥异的饮食文化，而共同不变的是人们在餐桌上饮食交谈间所联系与凝聚的情谊，以及对美食的追求与被其疗愈后的心理满足感。

B 环境风格 Creativity & Aesthetics

“朵颐排餐馆”即取“大快朵颐”意涵——鼓动腮帮进食，非常快活享受口福之乐，饱食愉快的样子。盼能将餐厅细心料理，处处用心，道道美味，口口满足，大快朵颐的特色精神藉以传递。

C 空间布局 Space Planning

“朵颐排餐馆”融合意式饮食文化丰富而多元与舒适自在的用餐气氛，又具备法式料理文化中视觉与氛围并陈的味觉飨宴。因此不特别强调料理的地域性，而定位为均衡、鲜制、多元、服务用心，氛围有品味的西餐厅。从品牌形象企划、视觉设计到室内空间规划皆秉持着此一主轴，透过色彩、材质、样式等不同面向的运用，创造出餐点与环境的连结感。

D 设计选材 Materials & Cost Effectiveness

舍去易流于繁复与过于正式的古典语汇，而以简约的线板与立体金属框线造型，描绘出较为轻盈的现代欧洲风情。主色调以沉稳的灰绿，与典雅的白色交织成回旋曲，墙面上打破框架的几何造型彷如乐章中的惊喜变奏。天花与地面的分割两相呼应，明镜映照反射赋予墙面放大空间的张力，而具有肌理感的白色钢刷木皮则似曲式中的重奏或迭加编曲。

E 使用效果 Fidelity to Client

运用温暖的柚木、天花与地板的浅灰褐色，与雾金色铁件及古铜色灯具等色彩，为空间中注入调和暖意。并以各式不同材质如木作、金属、直纹玻璃、格栅、波龙地毯，丰富了整体的细节与表情。墙面立体插画以鲜活的红黄橙色彩，与活泼造型的装置摆饰极富趣味性，营造出轻松用餐大快朵颐的用餐气氛。

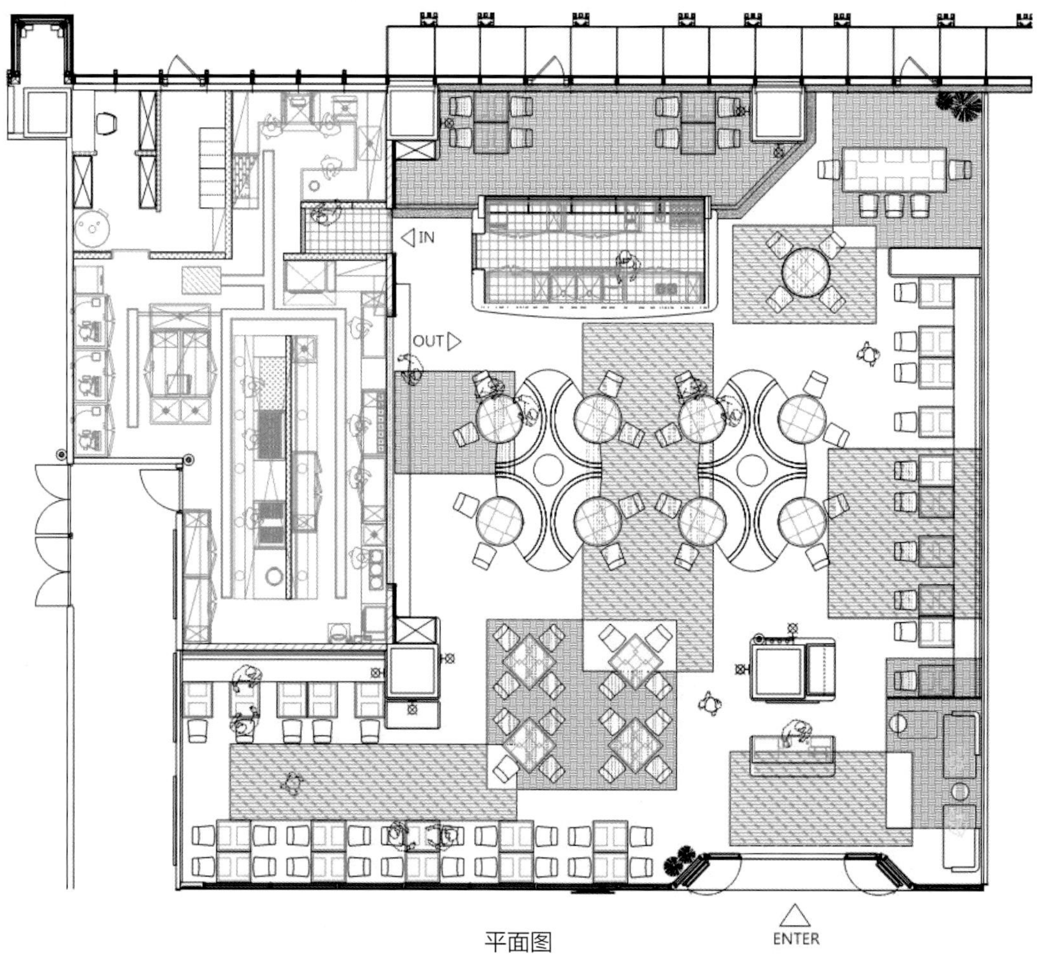

平面图

朴田泰式海鲜火锅
PU TIAN THAI SEAFOOD HOT POT

项目名称 _ *朴田泰式海鲜火锅* / **主案设计** _ *余生* / **项目地点** _ *四川省成都市* / **项目面积** _ *1500 平方米* / **投资金额** _ *500 万元* / **主要材料** _ *木、阳光、石材*

A 项目定位 Design Proposition

从单一餐厅的口味消费，过渡到复合型消费。从外到内，从下至上，全方位感官体验尝试，包涵业态为冰淇淋店、水吧、泰式火锅、鸡尾酒吧的 Collection shop。

B 环境风格 Creativity & Aesthetics

整栋楼强调采光，建筑 3 面通透，在空间中融入 DP 点，既有大开大合的气势，也不缺精致寻味的局部。自然、生态、舒适。

C 空间布局 Space Planning

强调空间的趣味体验，不规则的布局、楼中楼的设计、平层空间的起伏，营造“处处是景、时时不同”的环境氛围。

D 设计选材 Materials & Cost Effectiveness

以木、阳光、石材为主，营造出不在东南亚，处处感受东南亚气息的异国风味。

E 使用效果 Fidelity to Client

生意火爆，人气爆棚，成都餐饮地标项目。

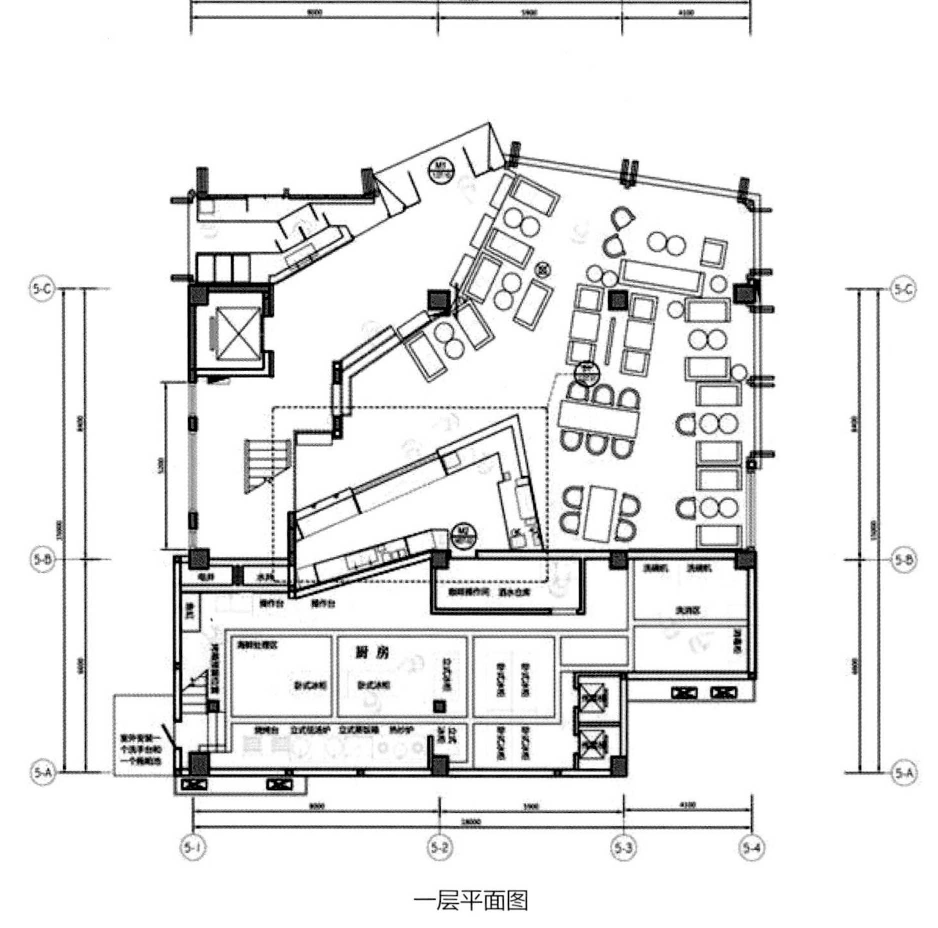

一层平面图

来龙里
DRAGON IN

项目名称＿*来龙里* / **主案设计**＿*齐帆* / **参与设计**＿*蒋逸男* / **项目地点**＿*重庆市渝中区* / **项目面积**＿*300 平方米* / **投资金额**＿*150 万元* / **主要材料**＿*白色瓷砖、钢板、木饰面*

A 项目定位 Design Proposition

这是一个商场中的餐厅空间，但是几里设计希望借此来研究和探索一些新的商业空间，在快速变迁的城市化中，年轻的城市客群需要什么样的空间与设计来满足他们对新鲜生活的需求。如何在实体商业空间与互动，社交的需求中取得突破。

B 环境风格 Creativity & Aesthetics

我们尝试用更开放的空间姿态和极简的设计来迎接所有的客群，让人们能够在空间外部直接感受到内部的商业氛围与互动。在这些不同的场景空间中，人们可以自由的在场景中与外部商场空间发生交流，也可以参与到这些场景的限定。

C 空间布局 Space Planning

在商业内部空间我们通过隔墙和家具的穿插来创造不同尺度的开放小空间，各个空间既相互通透连接，又各自独立分开。我们这样用视觉和家具的穿插来引导空间并创造新的场景，可以形成一个更加流动的交互场所。我们试图用这样的空间来吸引消费者参与到空间中。

D 设计选材 Materials & Cost Effectiveness

我们运用最简单的白色瓷砖与钢板，木饰面为主材，搭配主题色彩的穿插，用最简单的元素组合了丰富的效果。

E 使用效果 Fidelity to Client

作品成为重庆轻餐饮与年轻时尚餐厅的代表，并引起了大量的反响。成为城市中年轻人对当代审美追求的表达，也得到很多室内设计界的好评。

Cranberries and Cheese
Apple Normandie
Honey and Guanyin Oolong
THE LANE bakery
Lemon and Nuts
Sweet Potato and Chocolate
Walnuts and Cheese
THE LANE
來龍里
THE LANE 來龍里
THE LANE 來龍里
THE LANE 來龍里

THE LANE

LOVE IS PATIENT, LOVE IS KIND.
IT DOES NOT ENVY, IT DOES NOT BOAST, IT IS NOT PROUD.
IT IS NOT RUDE, IT IS NOT SELF-SEEKING, IT IS NOT EASILY ANGERED,
IT KEEPS NO RECORD OF WRONGS.
DOES NOT DELIGHT IN EVIL BUT REJOICES WITH THE TRUTH.
IT ALWAYS PROTECTS, ALWAYS TRUSTS, ALWAYS HOPES, ALWAYS PERSEVERES.
LOVE NEVER FAILS.
FIRST CORINTHIANS 13:4-8

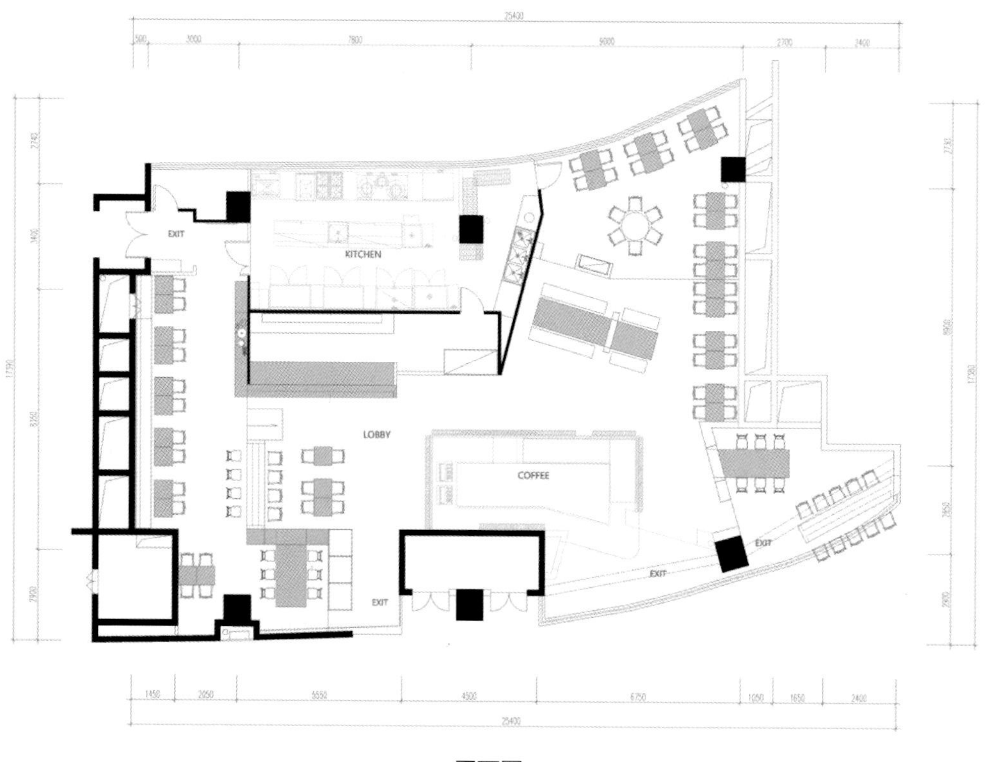
EXIT
KITCHEN
LOBBY
COFFEE
EXIT
EXIT
EXIT

平面图

BAKERY
FRENCH IMAGE
BEEHIVE
VIENNA
CROISSANTS
WHOLE RYE

FRENCH IMAGE
BEEHIVE
VIENNA
CROISSANTS
WHOLE RYE

CROISSANTS
WHOLE RYE

FRENCH IMAGE
BEEHIVE
VIENNA
CROISSANTS
WHOLE RYE

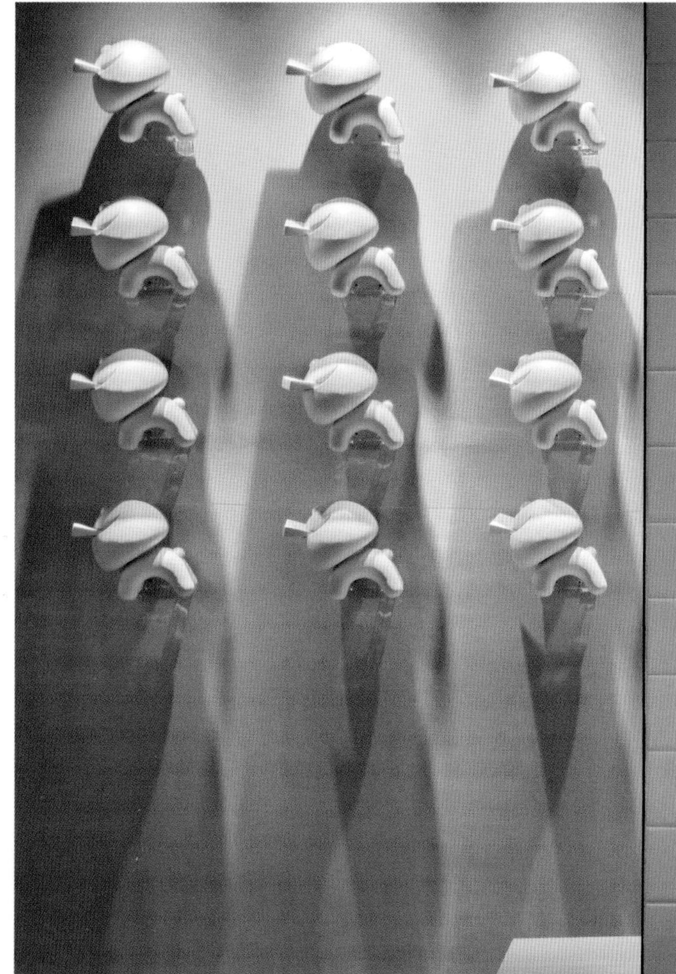

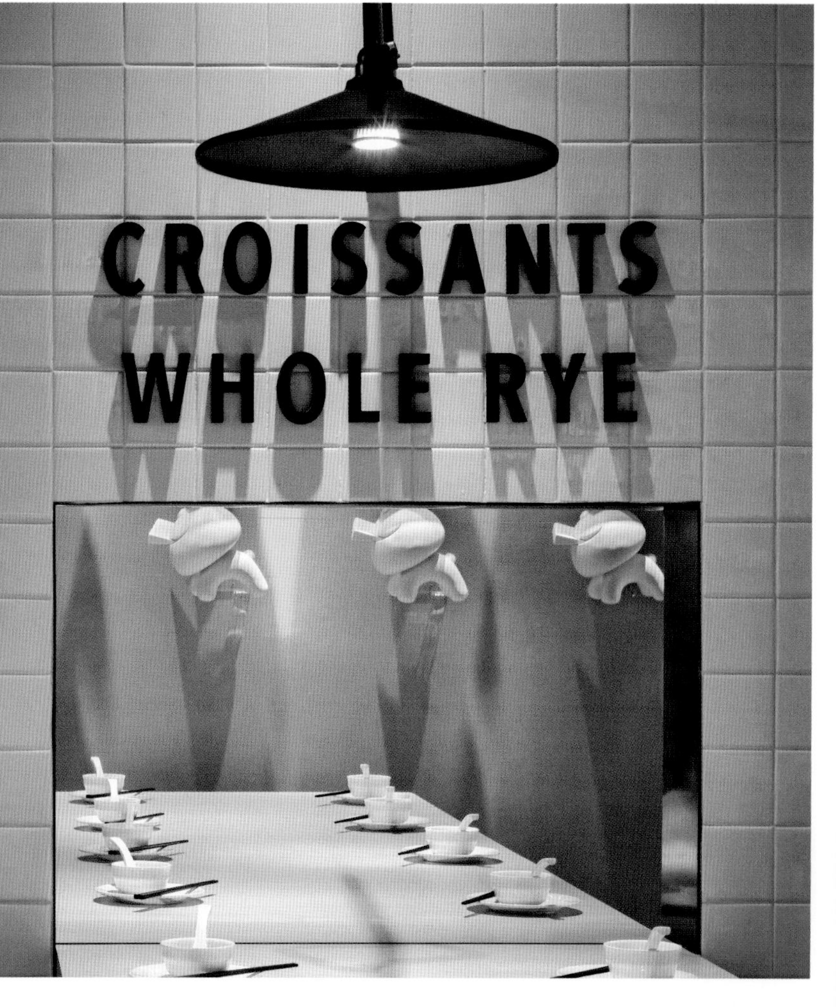
CROISSANTS
WHOLE RYE

BAKERY
HONEY TOAST W/MILK
BAGUETTES
CRANBERRIES & CHEESE
DANISH TOAST

Cranberries and Cheese
Apple Normandie
Honey and Guanyin Oolong
THE LANE bakery
Lemon and Nuts
Sweet Potato and Chocolate
Walnuts and Cheese
Matcha and Adzuki Beans

FOOD,BEVERAGE+BAKERY

THE LANE
THE LANE
FOOD
BEVERAGE
+
BAKERY

THE LANE
BAGUETTES
FOOD,BEVERAGE+BAKERY
THE LANE BA
THE LANE
來龍里
THE LANE
來龍里

初·隐，都市居酒屋 源烧酒场炭火烧肉店

AT THE BEGINNING, IMPLICIT, URBAN IZAKAYA SOURCE LIQUOR FIELD CHARCOAL GRILL

项目名称 _ *初·隐，都市居酒屋源烧酒场炭火烧肉店* / **主案设计** _ *赵亚明* / **参与设计** _ *张晋、任熠、张鹏东、何海林* / **项目地点** _ *广东省深圳市* / **项目面积** _ *186 平方米* / **投资金额** _ *48 万元* / **主要材料** _ *石材、木材、黑铁*

A 项目定位 Design Proposition

非传统的日式料理空间，更适合都市男女的居酒屋。源烧酒场，延续认真制作的一贯态度，初心不变的对待每一道食物。都市感是城市带来的蜕变，现代的设计更适合年轻的消费人群。

B 环境风格 Creativity & Aesthetics

钛金金属帘是“隐”的表达，丰富的天花，密集的层层排列，如同深山隐士一般神秘。垂吊的金属链隔断若隐若视地将空间联系起来，在热闹的用餐氛围中，适当地为顾客构造出私密感。

C 空间布局 Space Planning

空间中使用了“隐”的概念，因为初心总是隐于心底，隐于料理背后的严谨、苛刻中。

D 设计选材 Materials & Cost Effectiveness

大块的凹凸石材和木质元素呼出自然的亲切感，黑铁元素本身的沉着氛围与日式料理的节奏如出一辙。为了呼应源烧酒场“源”字理念，空间中使用了大量的天然材料，虽然一改传统居酒屋的形象，但是素朴感仍在空间中延续。

E 使用效果 Fidelity to Client

变化为了顺应需求，初心是源烧酒场对日式料理的尊重，隐，言不出道不明，只在美美享受的赞叹中。 都市居酒屋，初 • 隐，源烧酒场。

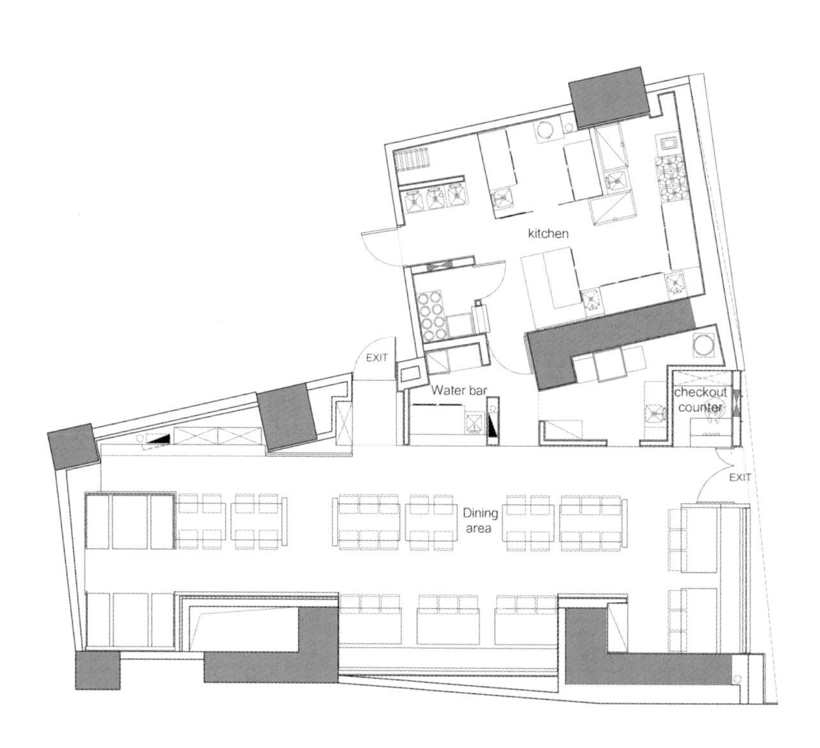

平面图

Jason 无界美食餐厅——高颜爆表聚会圣地

JASON UNBOUNDED GOURMET RESTAURANT - BEAUTIFUL TABLE GATHERING HOLY LAND

项目名称 _Jason 无界美食餐厅 - 高颜爆表聚会圣地 / **主案设计** _ 王继周 / **项目地点** _ 北京市朝阳区 / **项目面积** _360 平方米 / **投资金额** _180 万元 / **主要材料** _ 六边形的地砖、天花板

A 项目定位 Design Proposition

在成为城中全新“高颜值”聚会地之前，这里曾是一间灰色主调的高冷买手店。我所做的这次设计，是在重新定义这个空间。

B 环境风格 Creativity & Aesthetics

因为店主和来自南京的主厨 Jason 推崇菜品、酒品“无界”的概念，在设计时运用了相同的表达，从冷静独立，到热闹融合；从破败美式，到略带欧洲风的华丽，尽管变化巨大，但将一处处元素与氛围保留了下来。

C 空间布局 Space Planning

原来楼梯的位置是贴着墙的直梯，现在把楼梯突出在空间的中间，改成了旋转的形态。可以保留了金属的锈迹斑斑的感觉，希望可以通过把工业化的东西加进来，让这个原本有一些时间感的空间更加现代。除此之外，这个金属的旋转楼梯也让室内的结构更加可观，强化一楼形式感的同时，也给吧台让出了位置。二层楼梯旁边的墙壁上，是原来做买手店时期就有的复原壁画《人间乐园》。我们把它处理成欧洲老壁画的质感，把高岭土做成可以打印的底板，再把画面打印在上面。保留了原本土砖一块一块的形式。二层的空间，我们为它留了很大的灵活机动的可能。因为餐厅本身就擦掉了中餐、西餐的界限，会所、酒吧的界限，老板、客人的界限，所以没有在二层设置任何不可挪动的卡座。人多时可以拼长桌，旁边的小包间内的空间也有各种排列组合的可能。

D 设计选材 Materials & Cost Effectiveness

一层的地面，我使用了六角形的地砖，算是为空间加一个新的 DNA 吧。对六边形的使用，除了在地面，在一层的墙面和天花板的绿植格都可以看到，这是我们为了这个空间能更丰富、更有性格故意植入的部分。

E 使用效果 Fidelity to Client

在这里餐厅也可以不像餐厅，卡座也不一定就放在某某角落，比起单纯的进餐场所，它应该更像一个不在家中，但适合和亲密朋友聚会的地方。

JASON
CREATIVEFUSIONSEASONALCUISINE
推

JASON・無界美食
Delicacy Without Boundaries

JASON

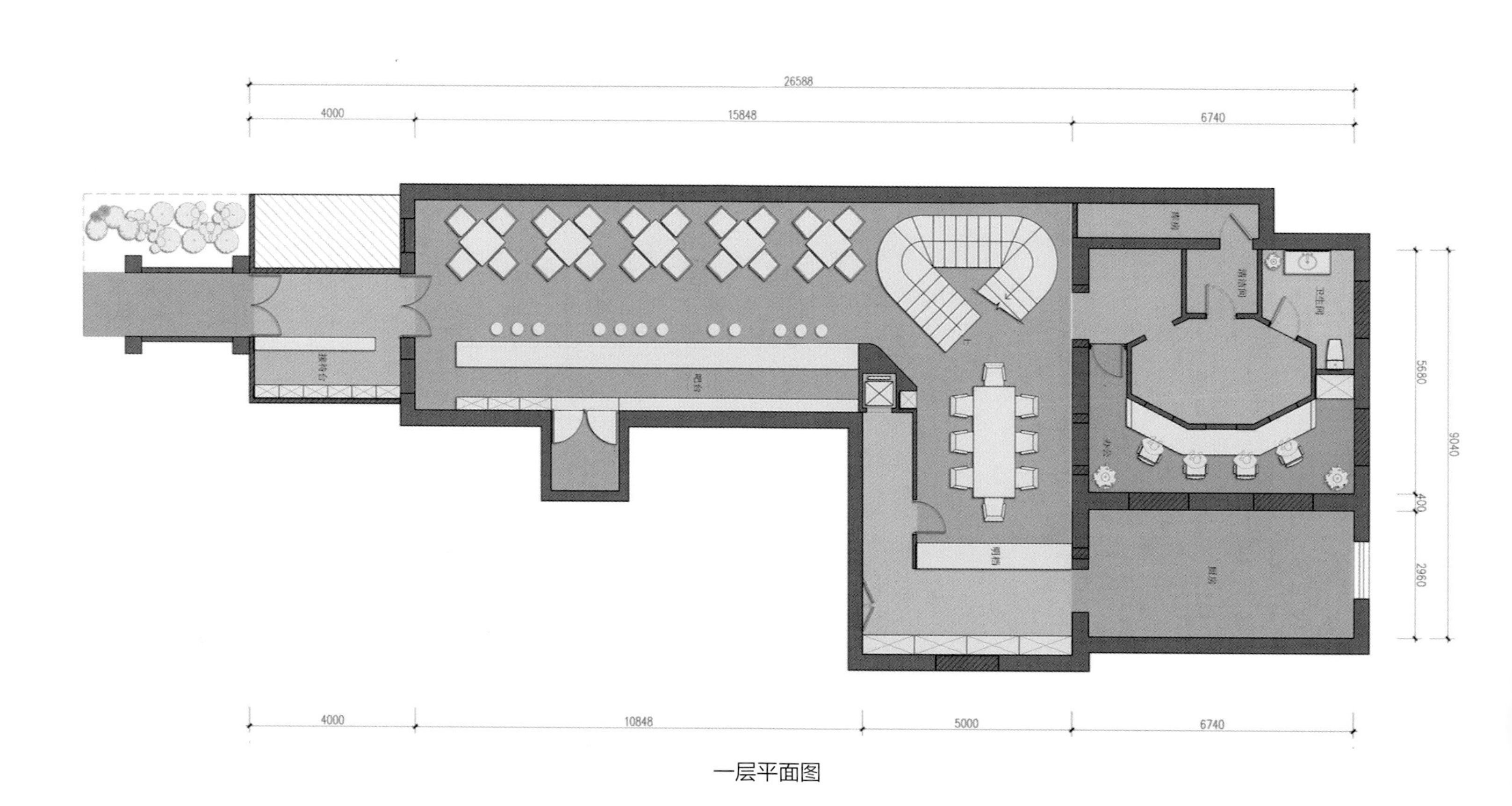
26588
4000
15848
6740
5680
9040
400
2960
4000
10848
5000
6740

一层平面图

素研素食餐厅
RESEARCH IN VEGETARIAN RESTAURANT

项目名称 _ *素研素食餐厅* / **主案设计** _ *桑林* / **参与设计** _ *万泉、金霞* / **项目地点** _ *辽宁省大连市* / **项目面积** _*530 平方米* / **投资金额** _*195 万元*

A 项目定位 Design Proposition

由唤醒消费欲望的商业设计到引导关注自然人本的社会设计，是空间设计，更是思维设计，引领生活表达一种新的生活方式和生活态度——时尚健康、自然环保。去宗教化——倡导对生命的尊重，寻求心灵深处的奇妙变化，融入自然，心地会变得清净光明，和平友善。

B 环境风格 Creativity & Aesthetics

现代极简风格——遵循"减法"、去除繁芜的设计方式。室内设计拓展延伸之室外景观，运用室内设计理念与室外景观相融合，使室内环境设计与室外景观和建筑共同构筑一个和谐统一的整体，形成一道完美的风景线，打造一个地标性的街景。在室内环境设计中结合"素研"素食品牌的 VI 视觉设计，配合不同环境和灯光，运用室内环境从视觉和感官上感受品牌文化及企业的核心价值。坚持有序的开线模式化设计，简单的空间处理隐藏着科学理性的空间秩序感；包含着对极简空间、对绿色环保材料以及对可持续发展的大趋势的诉求。

C 空间布局 Space Planning

自然不做作，简单不失巧妙的设计划分出多层次的就餐空间，整体空间自然轻快，细节处理得当，朴素不失细节之美；轻盈中透着隐约的优雅。

D 设计选材 Materials & Cost Effectiveness

清新自然、朴素环保，抛弃夸张绚丽的手法，只体现材料本色，回归自然。

E 使用效果 Fidelity to Client

优雅自然的环境设计深受素食主义者追捧，也让无肉不欢的食客流连，甚至吸引国际友人慕名前来。可谓是近年来走红大连的素食新宠，吸引着有一定生活品味和消费能力的人群，生意十分火爆。

HELLO
Pure
better way
better way

HELLO
Pure Organi
better way

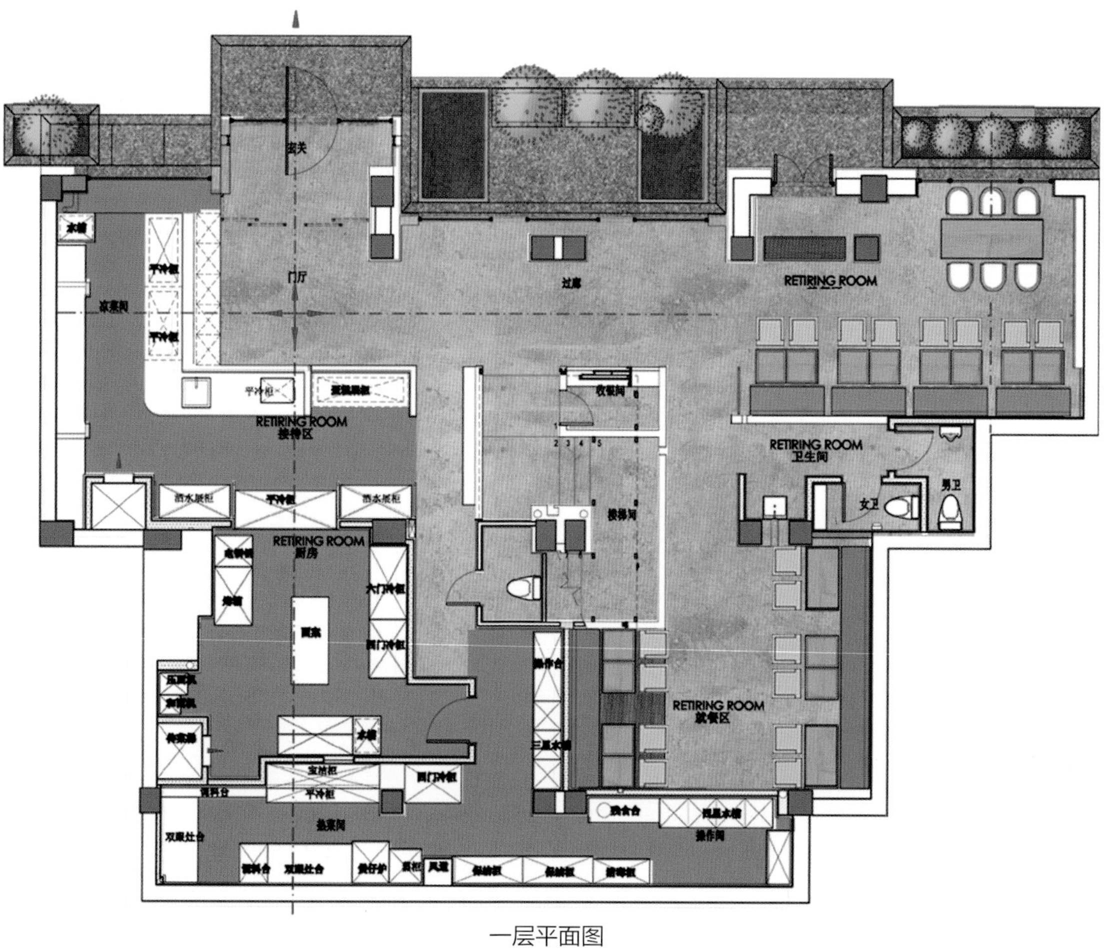
门厅
过廊
RETIRING ROOM
RETIRING ROOM
接待区
酒水展柜
平冷柜
酒水展柜
RETIRING ROOM
厨房
大门冷柜
RETIRING ROOM
卫生间
女卫
男卫
RETIRING ROOM
就餐区
双眼灶台
平冷柜

一层平面图

素研

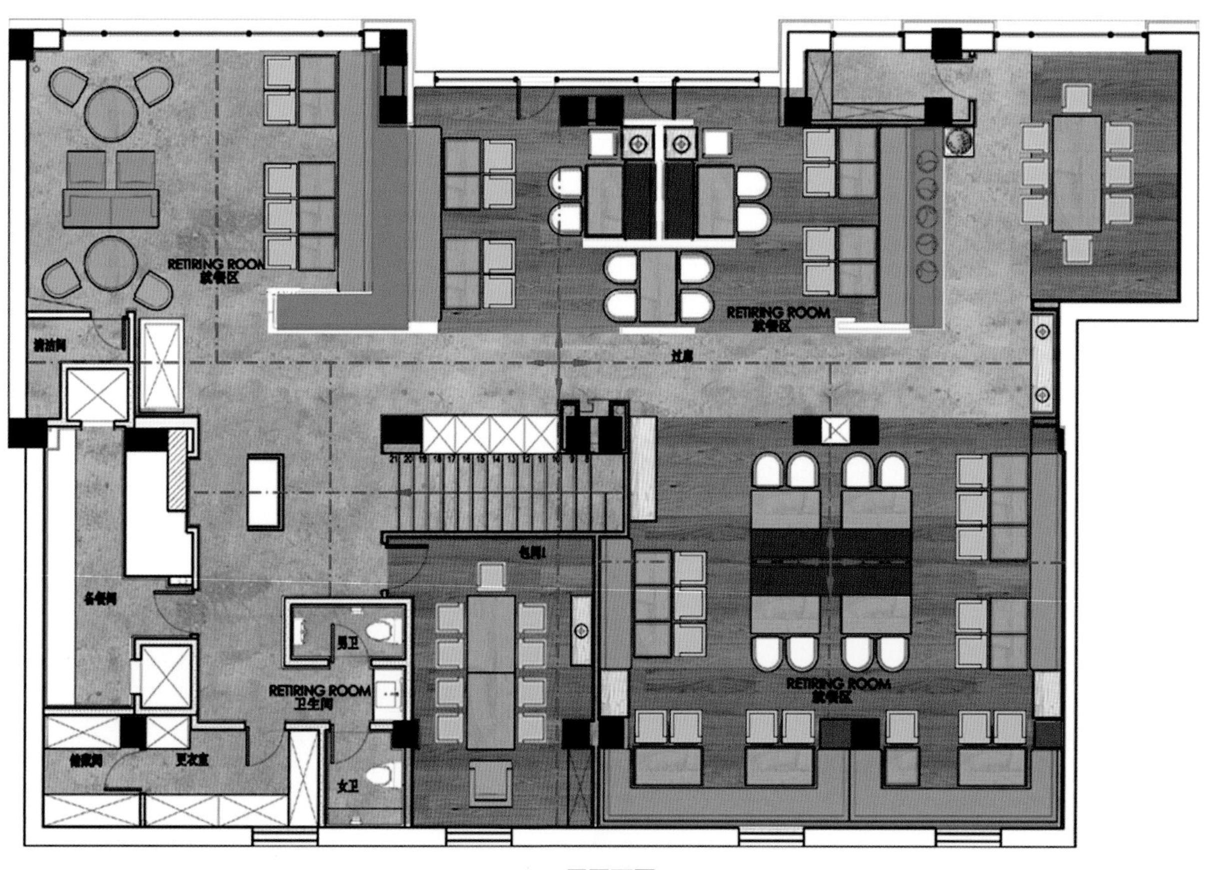

RETIRING ROOM
RETIRING ROOM
过廊
包间1
男卫
RETIRING ROOM
卫生间
RETIRING ROOM
更衣室
女卫

二层平面图

better way
悦荟
mosaic

better way

better way

better way

better way
Better way
素研
素食餐厅
谷稻
禾田

better way
華府店
Better way

甘蓝咖啡鲲鹏路店

CABBAGE COFFEE AT KUNPENG ROAD

项目名称 _ *甘蓝咖啡鲲鹏路店* / **主案设计** _ *何牧* / **项目地点** _ *浙江省杭州市* / **项目面积** _ *130 平方米* / **投资金额** _ *80 万元* / **主要材料** _ *实木板、胶合板等*

A 项目定位 Design Proposition

甘蓝咖啡周边为高档住宅区，是中高端消费人群的聚集地，正因为此，更要做出视觉上的强烈刺激和不落俗套。 树与房子是甘蓝咖啡连锁的符号，这个符号最容易被大众理解接受的，但是也是使用最多的，所以将这些符号以一个富有巧妙功能与独特形态呈现成为重点。

B 环境风格 Creativity & Aesthetics

该空间位于杭州闹市区，面积 130 平方米，两层楼，整个空间为长条状，落地窗与入口在空间的一端，另一端为楼梯间，楼梯间没有任何窗户。为了将空间不利因素转化为优点，我们用一种沿纵深方向排列的空间图形元素表达品牌。一楼为不同形态的弯曲木条沿纵深方向排列，当从空间的一端看的时候，木条的重叠组成富有动感“树”。弯曲木条不仅仅是一个装饰，其本身的固定结构也是置物隔板，能够为外卖产品，软装提供展示空间。

C 空间布局 Space Planning

项目因地制宜，将场地缺点通过布局进行化解。在空间中通过构造物创造内部空间的多变，产生内外的乐趣。楼梯间通过竖向的树形构造物，对客户产生引导作用。

D 设计选材 Materials & Cost Effectiveness

材料使用上凸显材料本身质感。木纹选用实木板，将不同尺寸与厚度的木板组合，表面通过打磨与水性漆罩色，营造出天然丰富的机理感。曲线的树状装饰选用优质胶合板，进行数控加工后打磨，并用水性漆罩色。最大程度减少油漆的介入，体现环保。水泥作为辅助材质，从视觉与体感生理上与木材形成冷暖对比。

E 使用效果 Fidelity to Client

该设计在保证主流咖啡馆格调基础上，通过造型以及对空间利用营造了有别与其他咖啡厅的氛围，同时也是品牌主题元素的创意体现，让客户通过创意理解品牌。迎合当下咖啡厅消费主要群体视觉上的诉求。

2016

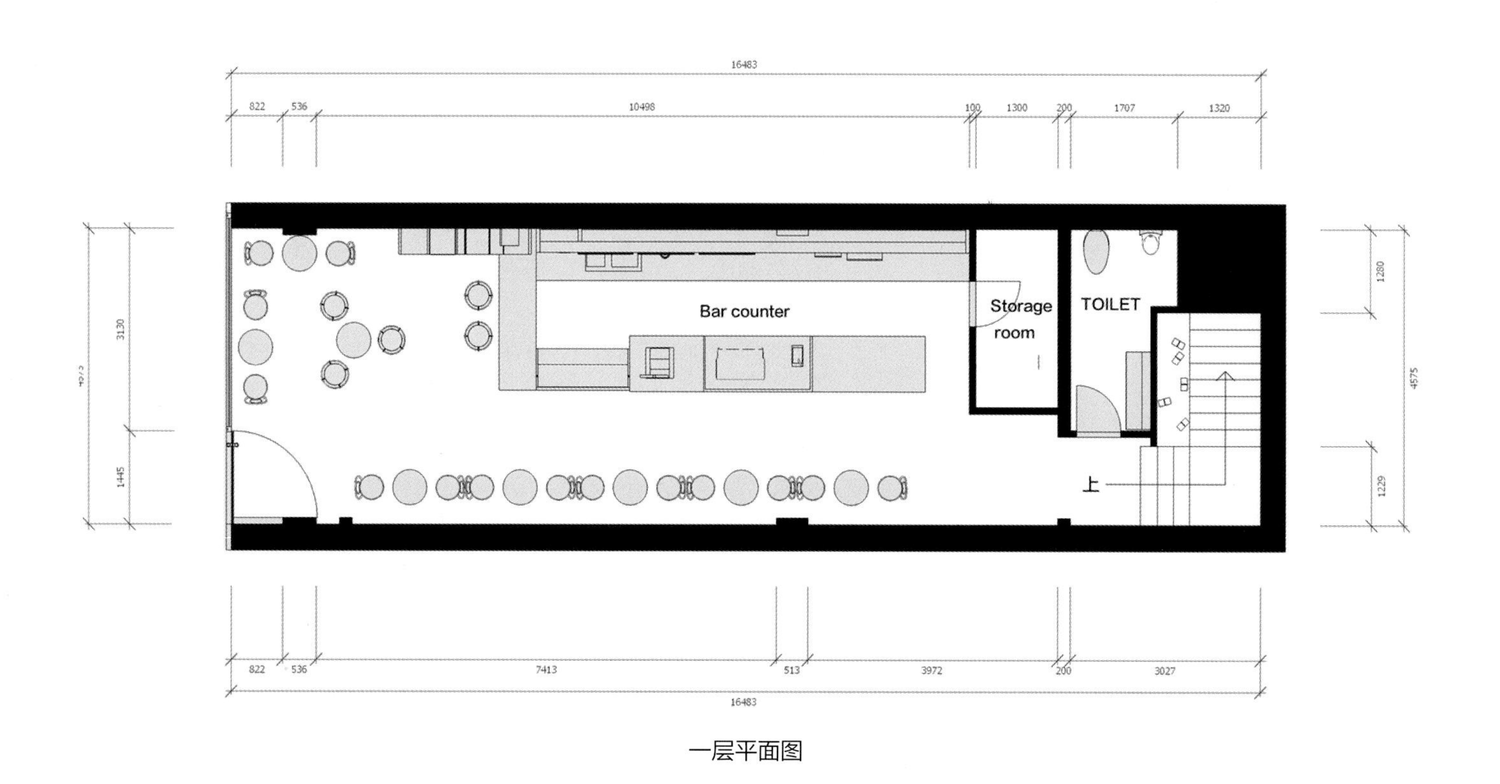
16483
822
536
10498
100
1300
200
1707
1320
Bar counter
Storage room
TOILET
上
3130
1445
1280
4575
1229
822
536
7413
513
3972
200
3027
16483

一层平面图

Villa
别墅空间

LATTE
LATTE

大墨之家 II
INK HOUSE II

森林湖
FOREST LAKE

香港·深水湾文礼苑
DEEP WATER BAY BOON LAY GARDEN IN HONGKONG

东方百合
LILIUM ORIENTAL

滇池畔的幸福
DIANCHI HAPPINESS

昆山花桥度假别墅
KUNSHAN HUAQIAO HOLIDAY VILLA

樾·界
YUE - CIRCLE

大宅平衡之美
THE BEAUTY OF THE HOUSE BALANCE

富力津门湖
R & F JINMEN LAKE

阳光海岸
SUNSHINE COAST

四季之家
HOUSE OF FOUR SEASONS

留·域
RETENTION DOMAIN

灵性自然
SPIRITUAL NATURE

2号·源
NO. 2 - SOURCE

LATTE
LATTE

项目名称 _LATTE / 主案设计 _ 官艺 / 项目地点 _ 江苏省苏州市 / 项目面积 _490 平方米 / 投资金额 _450 万元

A 项目定位 Design Proposition

我们用了太多时间讨论效率、速度，同时也应该记得慢下来，关注美丽和那些给我们的生命带来单纯美好的东西。复制传统的符号是最简单易行的“回应”传统的方法，用当下的表现手法去创造符合我们时代精神的空间来，才是正道。

B 环境风格 Creativity & Aesthetics

柯布西耶和他的模度理论告诉我们，线、面、体的几何运用和比例，尺度的数学关系是一切美的基础，是先于材质、颜色等表皮参数的。

C 空间布局 Space Planning

拆除客餐厅间的原有砖墙，尽量让空间通透，同时两个空间共用一面新做的U形墙体，让早餐、正餐、休闲娱乐之间的动线更趋于合理。

D 设计选材 Materials & Cost Effectiveness

拿铁咖啡是意大利浓缩咖啡 (Espresso) 与牛奶的经典混合，来自意大利家具品牌 Poltrona Frau 20 世纪设计的经典产品在简约的空间中散发时尚的气息。奶茶色的台湾 KD 白橡木饰面板与咖啡色顶级皮革不期而遇，搭配古铜金属作为点缀，用丹麦 KVADRAT 的羊毛云朵挂饰中和空间的硬度和温度。

E 使用效果 Fidelity to Client

风格这个词儿早已过时，为何非要画个圈圈加以限定？也许无法定义的风格就是最好的风格。

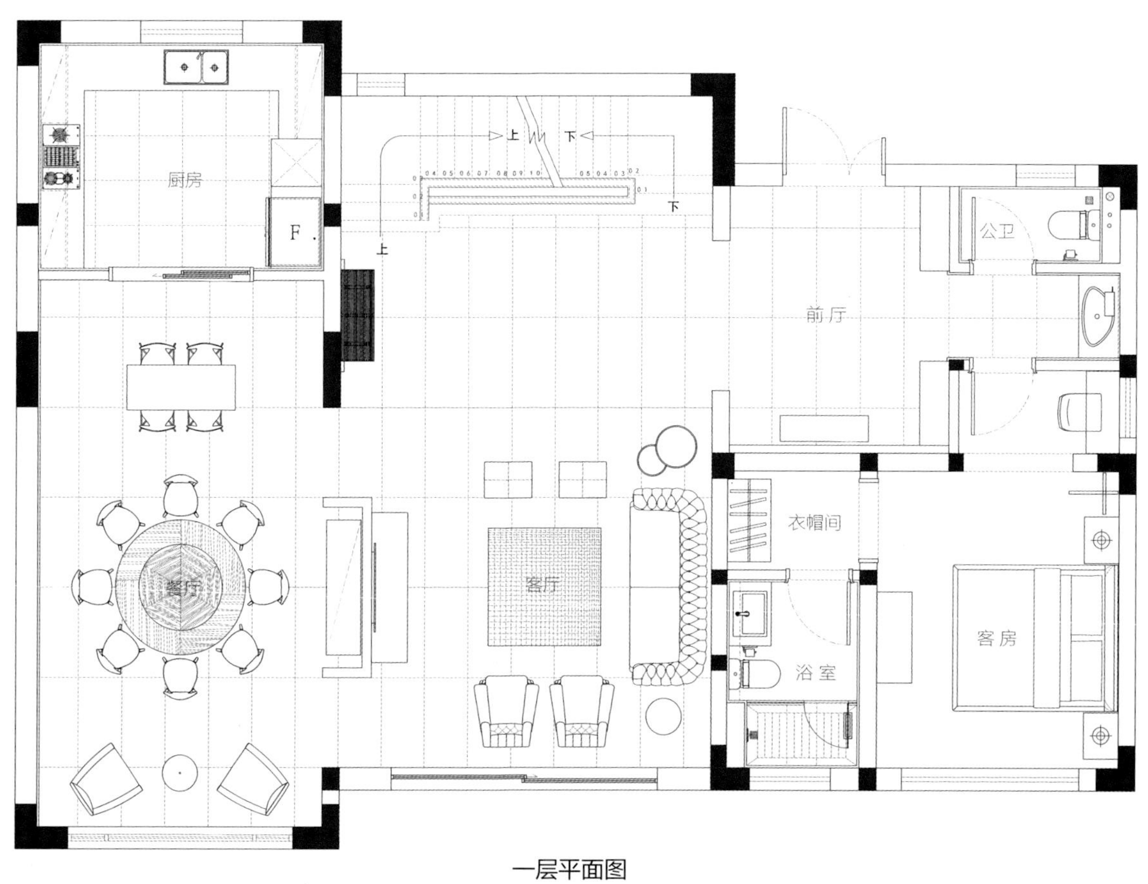

一层平面图

大墨之家II
INK HOUSE II

项目名称 _ *大墨之家II* / **主案设计** _ *叶建权* / **参与设计** _ *杨趋* / **项目地点** _ *浙江省杭州市* / **项目面积** _ *300平方米* / **投资金额** _ *300万元* / **主要材料** _ *老木板*

A 项目定位 Design Proposition
这是一套老房子改造项目，为脱离城市中喧嚣吵杂的生活，回归最简单、淳朴的生活环境能让人感到宁静放松，让人与建筑，建筑与自然相融合，平衡现代化城市发展带来的环境问题。

B 环境风格 Creativity & Aesthetics
外建筑通过灯光和木质的穿梭显得通透且层次更加分明，院子的小路利用石头与木板的穿插加上小溪流的设计充分体现了自然的感受。外立面的圆孔设计链接着室内外的自然关系，使建筑与环境相互融合。

C 空间布局 Space Planning
室内透过圆窗与室外的绿植融为一体，原木、白墙、最自然的感受，透过大面积的落地窗感受着室外的风景，营造一种休闲慵懒的氛围；多功能的房间设计体现着趣味性；复古的石材与大木块的结合。加上铁艺的置物篓，刚柔并济；榻榻米式的床铺使原本不高的空间不显得压抑，更具有层次感；顶棚以现代简约的处理手法又保留了小部分的原始木梁顶，让空间变的既轻松又有质感；浴缸上方开了一大片的玻璃顶，沐浴变得更浪漫、自然、干净。

D 设计选材 Materials & Cost Effectiveness
在材料方面是选择环保自然的老木板，经过设计再利用，打造一个环保舒适的空间。

E 使用效果 Fidelity to Client
业主对最终的方案效果是非常满意，中央电视台的《空间榜样》栏目也来采访过。

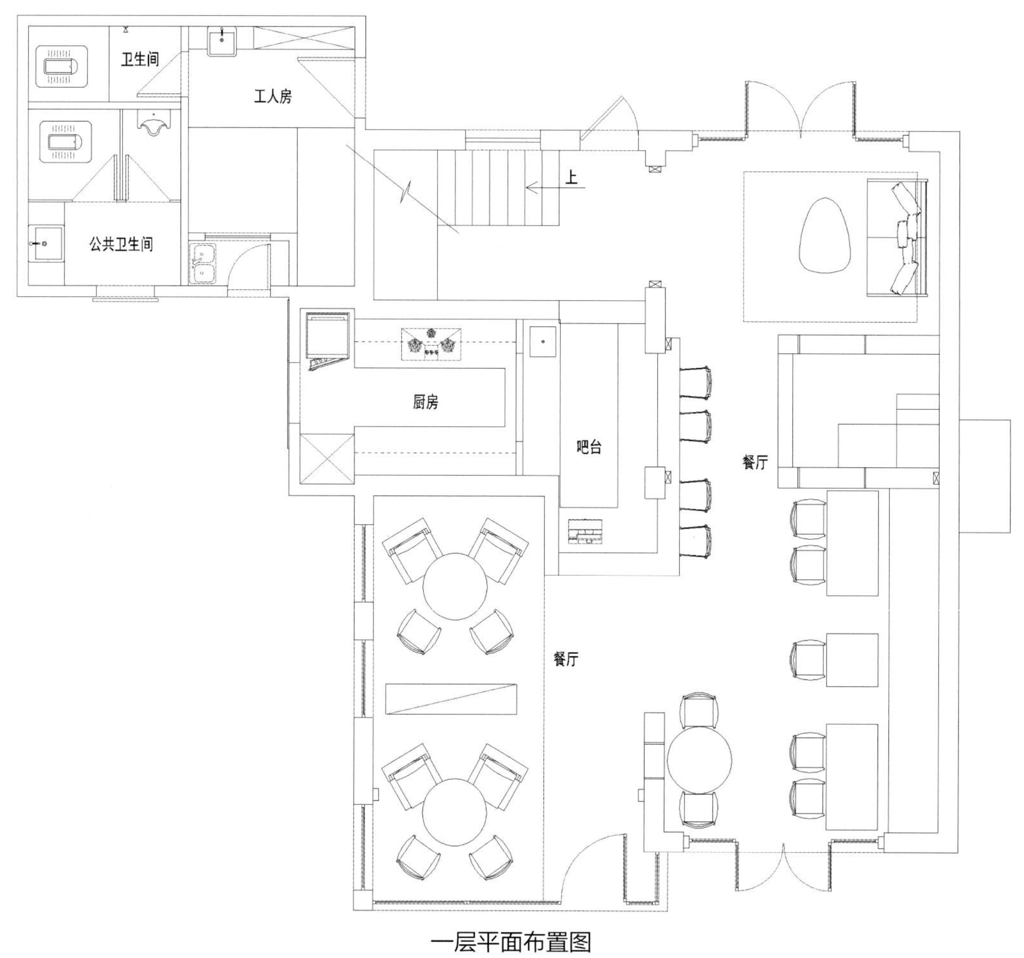

一层平面布置图

森林湖
FOREST LAKE

项目名称 _ *森林湖* / **主案设计** _ *潘锦秋* / **项目地点** _ *江苏省苏州市* / **项目面积** _ *350平方米* / **投资金额** _ *160万元* / **主要材料** _ *强化地板*

A 项目定位 Design Proposition

现在城市的节奏越来越快，我的风格属于淡雅安静的类型，可以给每个业主回家以后一个真正放松的空间。

B 环境风格 Creativity & Aesthetics

这套案子首先要感谢甲方对我的完全信任，因为是多年好朋友，所以在设计上充分给予我支持，本案本身房子的结构不理想，需通过改变内部的空间来最大化地保证使用者在内的一个舒适度。

C 空间布局 Space Planning

这个也是我设计的宗旨，通过改变户型空间，满足生活需要的基础上，尽量后期通过家具和软装来保证家的舒适度和实用性。这个在我的设计里一直占据主要地位。几乎不考虑没有用的装饰背景来浪费宝贵的空间和甲方的费用。最终这个案子也比较清晰地阐明了我的意图。

D 设计选材 Materials & Cost Effectiveness

材质在这个案子里是比较头疼的，为了达到门、移门、衣柜、地板、楼梯所有材料都是同一个质感，思考了很多方式，最后在和项目组多次商量实验的前提下，最终选择了强化地板来作为整个家里饰面的最终组成部分，感谢项目组的大力配合，在制作门、移门、楼梯踏步上采用了不同的收边工艺来保证整体的质量和美观性。

E 使用效果 Fidelity to Client

和设计之前考虑的效果一样。

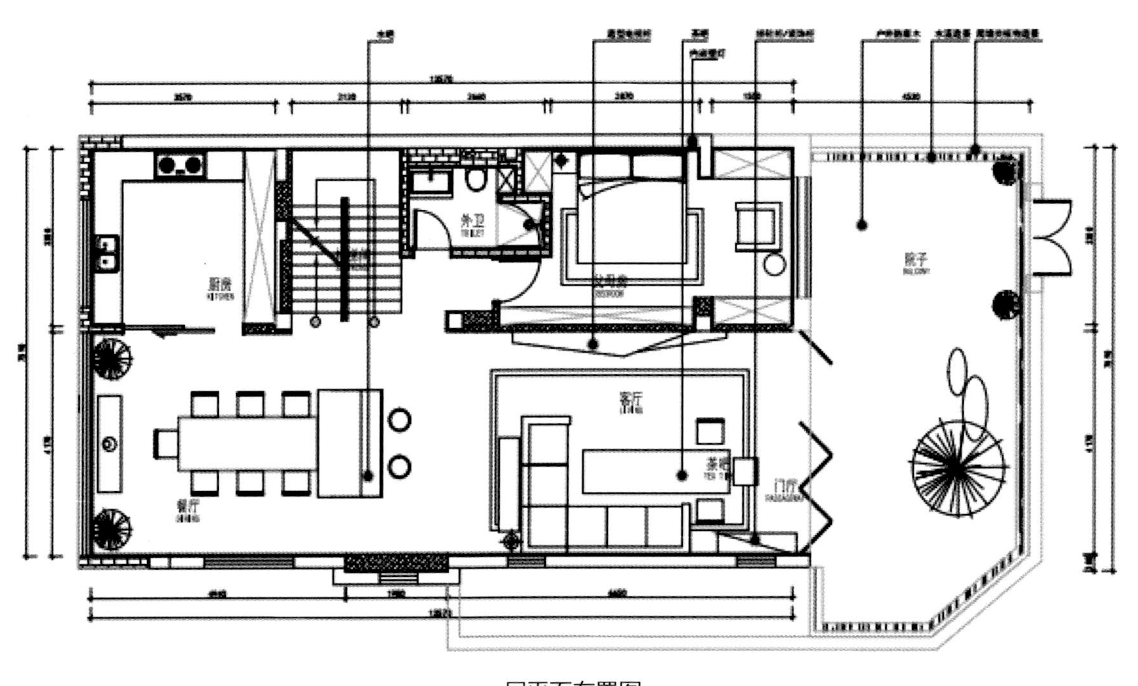

一层平面布置图

SIEMENS

VICTOR

香港·深水湾文礼苑

DEEP WATER BAY BOON LAY GARDEN IN HONGKONG

项目名称 _ 香港·深水湾文礼苑 / **主案设计** _ 郑树芬 / **项目地点** _ 香港南区 / **项目面积** _500 平方米 / **投资金额** _1000 万元 / **主要材料** _ 天然洞石、木头、不锈钢、玻璃

A 项目定位 Design Proposition

置身全球最繁华的香港都市，远离都市喧嚣、纷繁复杂，回归自然、轻松、温暖的家庭生活。

B 环境风格 Creativity & Aesthetics

设计师主张有别于“传统奢华”的表现形式，强调文化价值，将中西文化经典无界结合。硬装空间设计比例简洁、精炼，而软装方面则提练和创造艺术氛围，大到拍卖行的一幅艺术挂画，小到一对鸳鸯摆件，都是当代著名艺术家的真品，其喻意爱和美好，全面表达东方文化意义，整体家具的质感与艺术品完美结合，缔造了雅奢真正的含义。同时整个空间将中西文化进行了无界结合。

C 空间布局 Space Planning

香港·深水湾文礼苑地处背山面海的湾畔上，面积为500平方米，地下一层，地上三层。地下一层为主卧及主卫，是主人的私属空间。一层则是公共空间，包括客厅、餐厅、厨房、入户花园、地面停车场。两个孩子房则分布在二层，还有家庭厅、工人房。三层则是露天阳台，摆放了两组户外家具，形成简约而实用的户外休闲区。设计师在空间多处使用了玻璃，餐厅隔断、客厅玻璃墙等，将室外的青山蓝海美景引入室内。

D 设计选材 Materials & Cost Effectiveness

材质表达将自然、质朴、工艺美感结合到位，如天然洞石、木头的自然肌理，不锈钢与玻璃的工艺组合，配以全球奢侈品牌：美国 Baker 家具、意大利 Promemoria 家具等顶级奢侈产品。

E 使用效果 Fidelity to Client

客户非常满意，完全符合他们对家的要求：自然、温暖、优雅、低调，而设计师中西文化经典无界结合的设计手法让空间充满艺术魅力，同时为客户带来艺术品的升值价值。

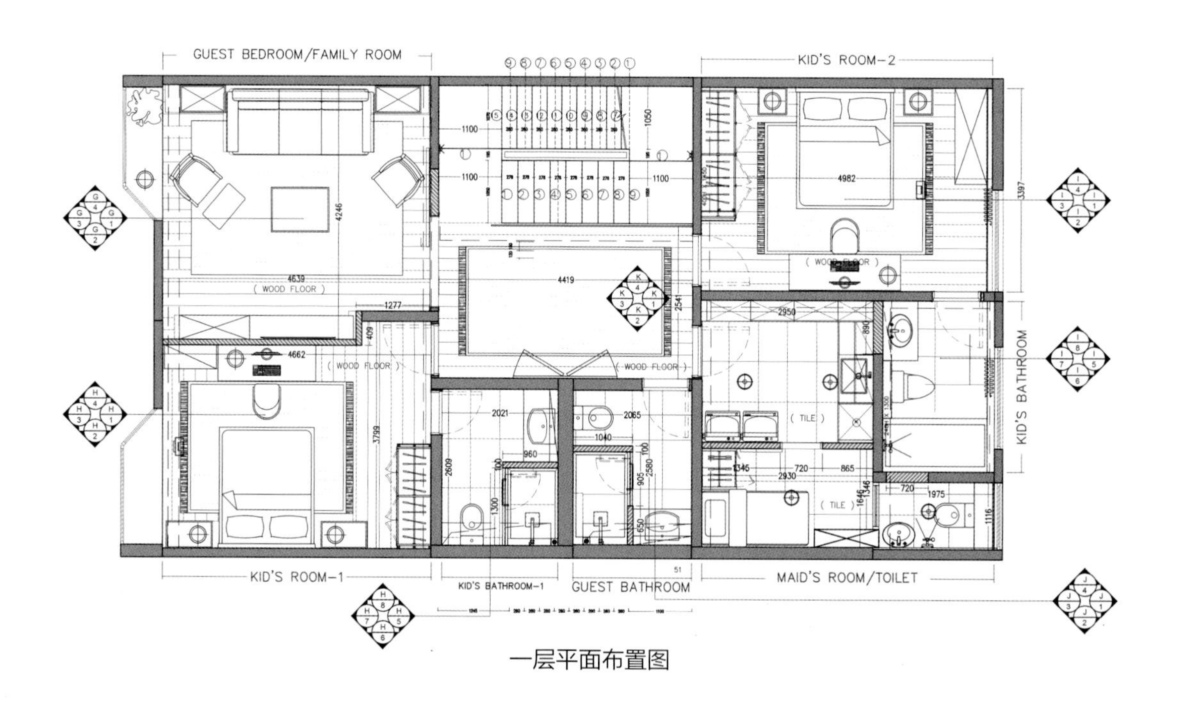
GUEST BEDROOM/FAMILY ROOM
KID'S ROOM-2
(WOOD FLOOR)
(TILE)
KID'S BATHROOM
KID'S ROOM-1
KID'S BATHROOM-1
GUEST BATHROOM
MAID'S ROOM/TOILET

一层平面布置图

东方百合
LILIUM ORIENTAL

项目名称 _ *东方百合* / **主案设计** _ *葛晓彪* / **项目地点** _ *浙江省宁波市* / **项目面积** _*400 平方米* / **投资金额** _*350 万元*

A 项目定位 Design Proposition
在常规住宅之外，探求室内设计审美与居住功能性的独特视角，满足业主对于个性生活的需求和生活方式与品质的提升。

B 环境风格 Creativity & Aesthetics
整个小区的外立面本身就很硬朗，线条感很强，在设计室内空间时里外做了进一步的结合，用现代方式去打造居家空间，简洁明朗设计感极强。

C 空间布局 Space Planning
从一楼到三楼的楼梯没有用传统的做法，而是改用一到三楼的楼面隔断去处理，让整个楼梯空间虚实交错，很有意境。

D 设计选材 Materials & Cost Effectiveness
以常规材料通过色彩、材质的变化与组合，并通过个性家居及饰品的选择搭配，呈现室内全新的风貌。

E 使用效果 Fidelity to Client
业主以及他的朋友都非常喜欢这个房子，认为是低调的奢华，很有内涵。

THE TAILORED INTERIOR

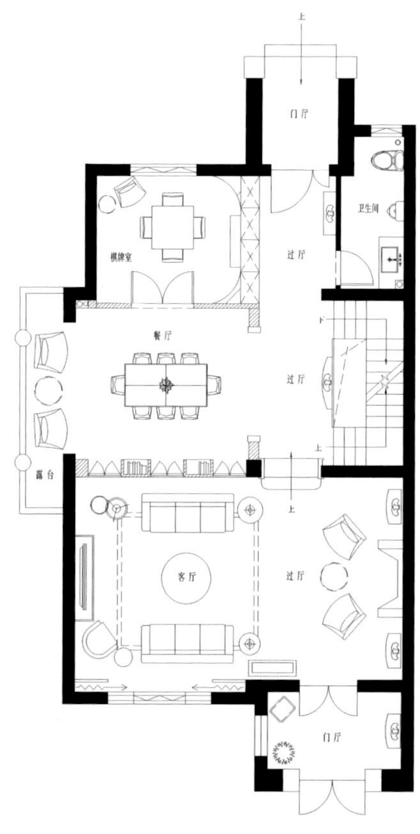

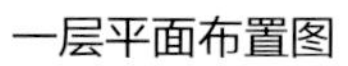
一层平面布置图

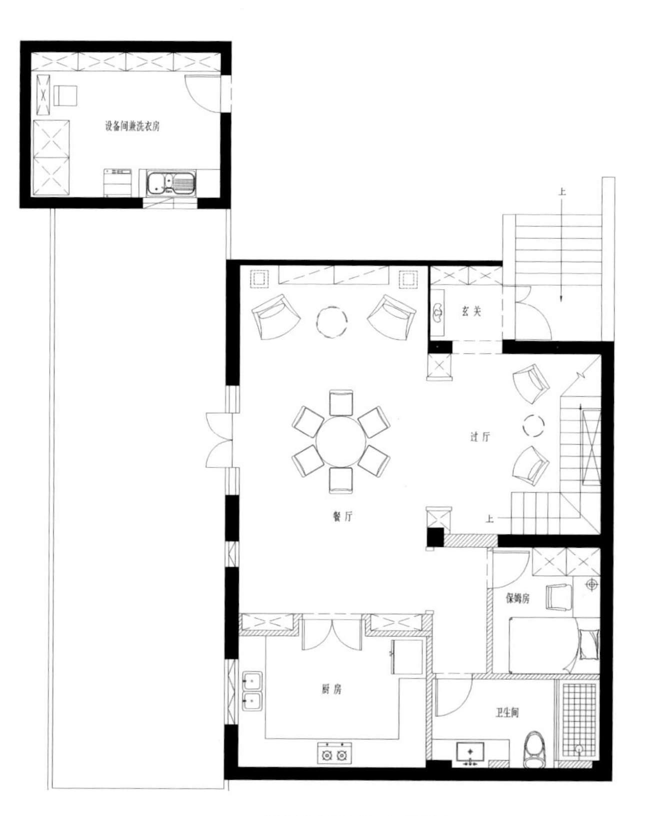

地下室平面布置图

滇池畔的幸福
DIANCHI HAPPINESS

项目名称 _ *滇池畔的幸福* / **主案设计** _ *毛博* / **项目地点** _ *云南省昆明市* / **项目面积** _ *220 平方米* / **投资金额** _ *280 万元* / **主要材料** _ *混凝土、原木、水泥砖等*

A 项目定位 Design Proposition

与同类竞争性物业相比，作品独有的设计策划、市场定位：以减法设计为切入点，化繁为简，符合新贵阶层品味。

B 环境风格 Creativity & Aesthetics

与同类竞争性物业相比，作品在环境风格上的设计创新点：突出窗景，围绕景观进行深化设计，不做修饰，实则富有内涵。

C 空间布局 Space Planning

与同类竞争性物业相比，作品在空间布局上的设计创新点：因为是旧房改造，重新规划空间，将客户的私人感受放在第一位。

D 设计选材 Materials & Cost Effectiveness

与同类竞争性物业相比，作品在设计选材上的设计创新点：利用清水混凝土、原木、水泥砖等材料，区别于一般奢华材料。

E 使用效果 Fidelity to Client

与同类竞争性物业相比，作品在投入运营后的出众经营效果：这是业主入住后半年拍摄的效果，与业主生活习惯完全一致。

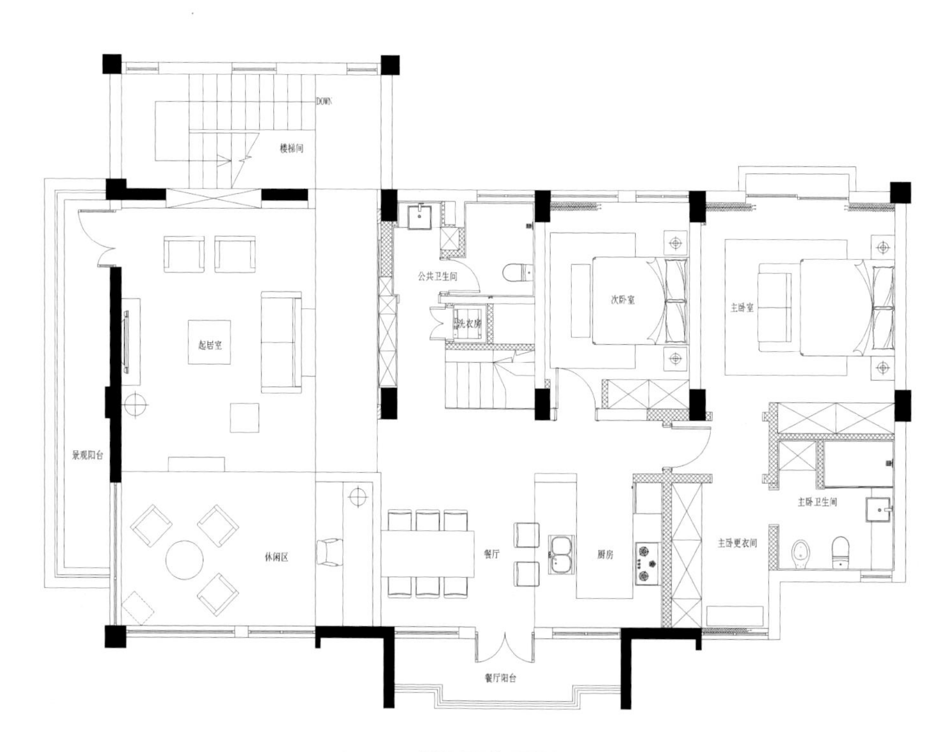

一层平面布置图

昆山花桥度假别墅
KUNSHAN HUAQIAO HOLIDAY VILLA

项目名称 _ *昆山花桥度假别墅* / **主案设计** _ *张力* / **项目地点** _ *江苏省无锡市* / **项目面积** _ *350 平方米* / **投资金额** _ *100 万元*

A 项目定位 Design Proposition
我们给本案的定位是结合“静”与“净”的度假别墅。

B 环境风格 Creativity & Aesthetics
基于这幢房子周边的环境包括整个小区都是东方院落的感觉。我们还是选择走现代东方的风格。当然这里东方更多地体现在业主平时的收藏方面。硬装是给这些收藏提供了一个干净又饱满的空间。

C 空间布局 Space Planning
从公共空间的层层退进，室内空间，灰空间，以及室外空间的相互借景；地下与地上及平层与挑空的高低空间错落，都使空间层次得到丰满的表现。下沉式的客厅空间设计是这个户型的特点。我们希望公共空间更通透、更流动。会客厅与餐厅的机能通过围绕楼梯设计的机能墙展开。这个核心筒兼顾了楼梯间、储藏室、真火壁炉和西式料理台的强大功能。

D 设计选材 Materials & Cost Effectiveness
所谓“干净”是因为我们大面上除了木饰面与白色乳胶漆墙面，并用白描的形式加以黑色钛金勾勒，除此之外没有其他材质。所谓“饱满”是我们的空间是饱满的。

E 使用效果 Fidelity to Client
我们带给业主一个干净又饱满的空间，配以东方院落的感觉，带来无限的悠闲度假感。

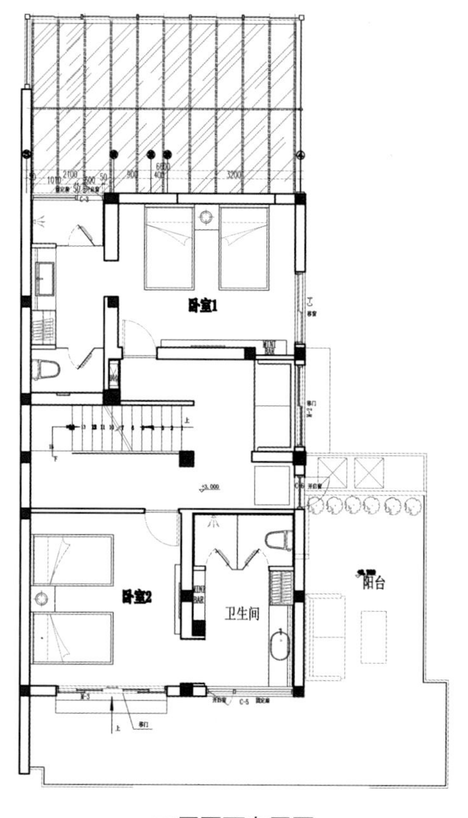

二层平面布置图

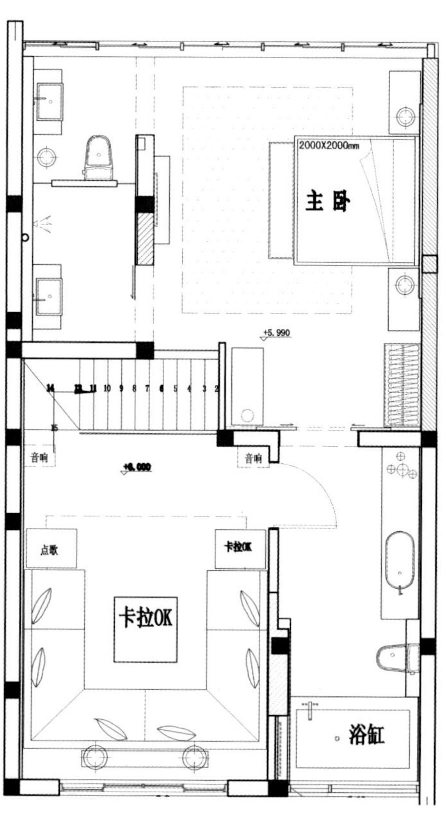

三层平面布置图

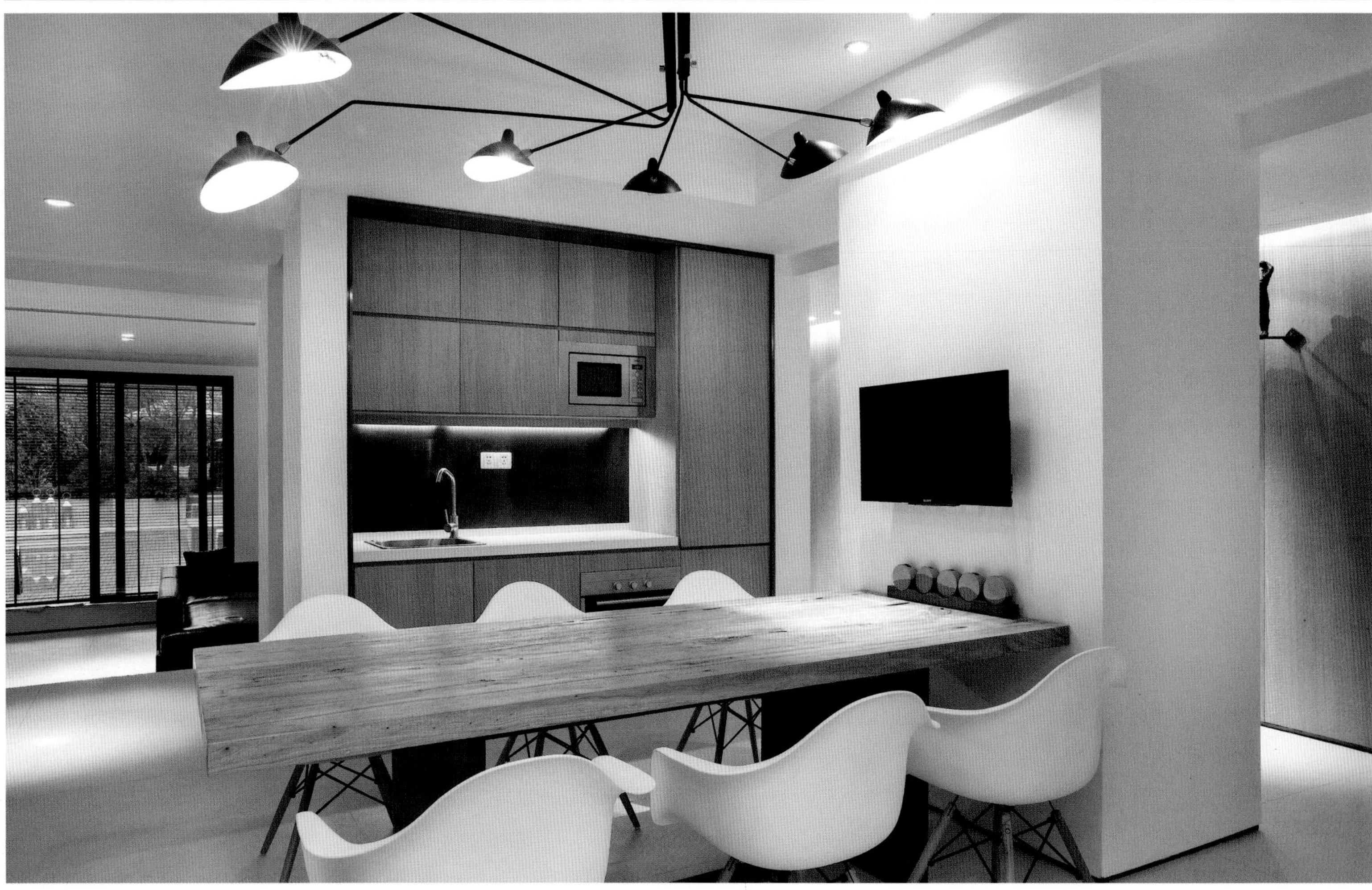

项目名称 _ *樾·界* / **主案设计** _ *胡飞* / **项目地点** _ *江苏省南京市* / **项目面积** _*200 平方米* / **投资金额** _*90 万元*

A 项目定位 Design Proposition

现在越来越多的年轻业主选择摒弃繁复，拥抱更和世界接轨的现代风潮，本案正是设计师和业主对现代生活的一次展望和拥抱。

B 环境风格 Creativity & Aesthetics

这是一个大概 200 平方米的跃层住宅设计，业主是一对 80 后的年轻夫妇，崇尚简约主义，由于女业主之前也从事设计创意工作，因此他们对设计的创意度和时尚度有着很高的要求。

C 空间布局 Space Planning

住宅的首层承担着家庭公共区的所有功能，原始户型看似较为平淡整齐，如何在这个规整空间做出个性和特点，是业主交给设计师的重要任务。原餐厅空间面积较为狭小，但外扩又会破坏客餐厅的规整长方形结构，设计师将西厨的吧台和餐桌的功能结合起来，扩大了厨房的使用功能空间又不影响客餐厅空间。厨房门没有采用一般的推拉移门，而是定制了一幅抽象装饰图案的外挂滑轨门，保证了整个空间的简约设计感。设计师没有改变原来的楼梯间位置，重新设计了楼梯的排布，这样不影响进门空间又安排了换鞋的储藏柜的空间，同时楼梯的首层作为独立的一个大平面，暗藏了楼梯下景观，连接了电视柜，从进门玄关经过楼梯到达客厅这条动线由地台的设计元素贯穿起来，一气呵成。客厅中电视墙和阳台使用了同样的多拼地板塑造形体和色彩，协调一致。

D 设计选材 Materials & Cost Effectiveness

二层作为私密的睡卧空间，原来的房间较多，面积较小，设计师根据业主需要，将朝南的两个房间和一个卫生间并为一个宽大的独立套间，拥有卧房、书房、独立衣帽间和卫生间，满足了主人的功能。北边的两个小房间合并为一个含书房的儿童房，舒适性也大大提高。

E 使用效果 Fidelity to Client

好！

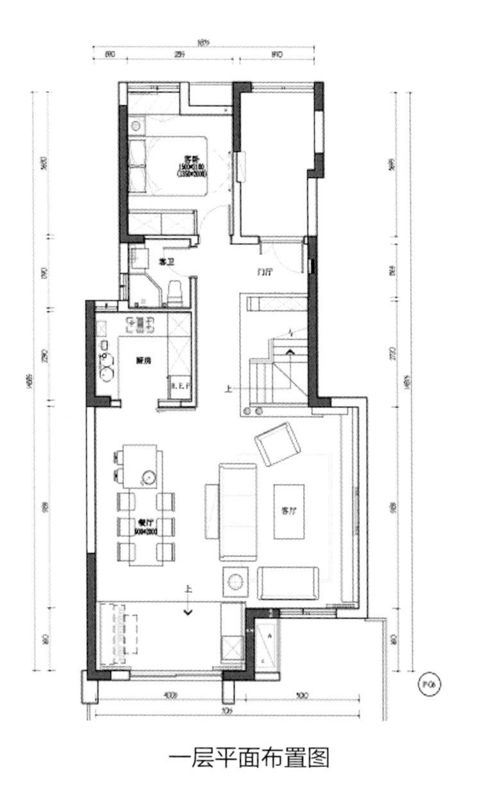

一层平面布置图

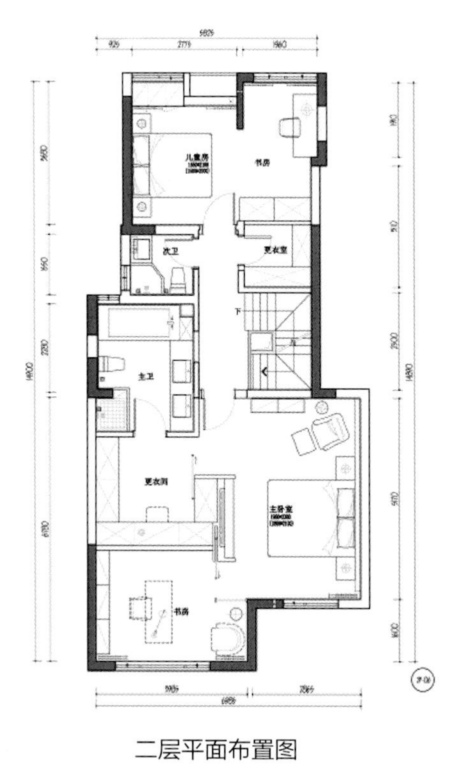

二层平面布置图

KELLY HOPPEN STYLE

大宅平衡之美

THE BEAUTY OF THE HOUSE BALANCE

项目名称 _ *大宅平衡之美* / **主案设计** _ *张艳坪* / **项目地点** _ *江苏省苏州市* / **项目面积** _ *820 平方米* / **投资金额** _ *90 万元*

A 项目定位 Design Proposition

本作品打造的是一种西方视野中独具东方韵味的整体居家氛围，意图通过融合自然元素与“Less is More”的设计理念，营造简单、宁静、平衡的质感空间。

B 环境风格 Creativity & Aesthetics

本作品，在风格上做了大胆的创新，硬装处理上仍然保留原来的东南亚风格，但在后期的软装处理上则大胆采用了现代感较强的家具和灯具作为背景，配与东方元素的艺术品来回应我们硬装的东南亚风格，既摩登又复古，既文雅又野趣。

C 空间布局 Space Planning

本作品在空间布局上的创新点是“融合与平衡”。融合主人公平时的生活习性；如地下层，主人公把喜欢的品茶、书画、健身以及会客等都放置在了这一层中，形成了一个多功能融于一体的布局空间；一层则是家人用餐、聊天，享受天伦之乐的一个地方；地下层与一层之间有一阁楼，这里放置主人的收藏品最适合不过了，最终的休息区就放置于最安静的二层，在这里个人空间与外界环境都是那么的原始天然、优雅精致、简单又复杂的融合。这样的布局设计主要是为了寻求主人公内心的那一份平衡的生活态度。

D 设计选材 Materials & Cost Effectiveness

从大自然中甄选出来的艺术品材质无疑是这次作品设计选材的又一个亮点，无论是陶瓷做成的装饰鱼摆件，木质的收纳盒，还是那遍布每个角落的芦苇干枝，木刻的装饰画品，陶瓷做成的小凳……既低碳又经济实惠，无处不透露着主人公对生活应回归自然的那份理解和内心深处的那份寻求大自然给予他的宁静与平衡。

E 使用效果 Fidelity to Client

主人公是一位上市设计公司的总院长，本身就是设计出身，从事设计行业 20 余年，还有着多年的大学教学经验，是一名出色的大学教授，这次贵宅除了院长自己使用外，还是设计院的一个参照样板间。最终这次作品通过打造简单、宁静、平衡的质感空间赢得了这位客户的高度评价，还赢得了界内的一度赞许。

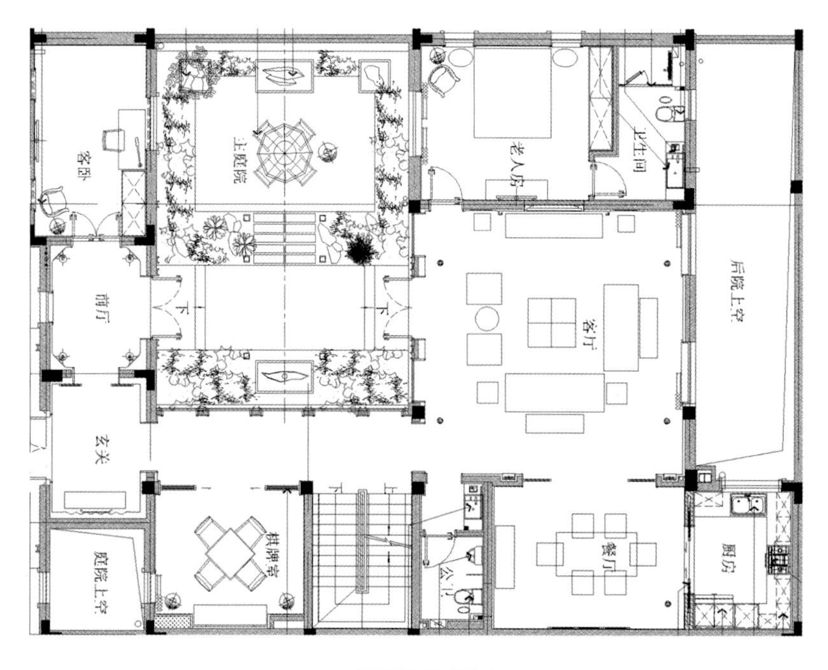

一层平面布置图

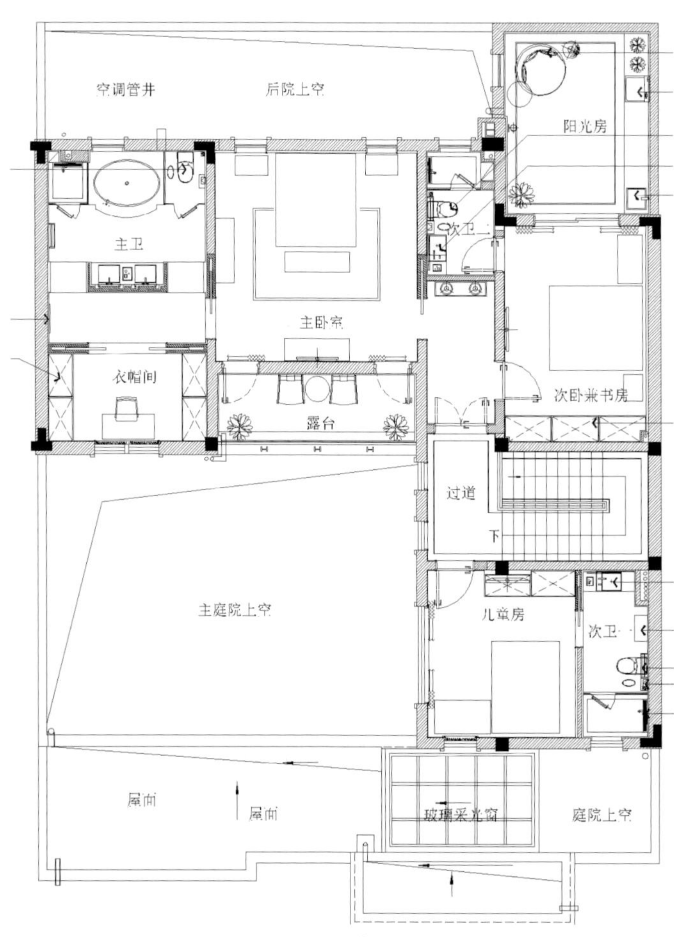

空调管井
后院上空
阳光房
主卫
次卫二
主卧室
次卧兼书房
衣帽间
露台
过道
下
主庭院上空
儿童房
次卫一
屋面
屋面
玻璃采光窗
庭院上空

二层平面布置图

富力津门湖
R & F JINMEN LAKE

项目名称 _ *富力津门湖* / **主案设计** _ *李新喆* / **项目地点** _ *天津市河西区* / **项目面积** _ *350 平方米* / **投资金额** _ *360 万元* / **主要材料** _ *石材、砖、壁纸、金属镀铜*

A **项目定位** Design Proposition
简约，不做多余或者过分的硬装。

B **环境风格** Creativity & Aesthetics
在传统的设计风格中找出自己对风格的理解。

C **空间布局** Space Planning
整体布局追寻着“如何用，如何好用”的理念，解放一层，让地下室不再闲置。

D **设计选材** Materials & Cost Effectiveness
常规材质，不希望设计出来的东西不落地。

E **使用效果** Fidelity to Client
做出真正有意义的家。

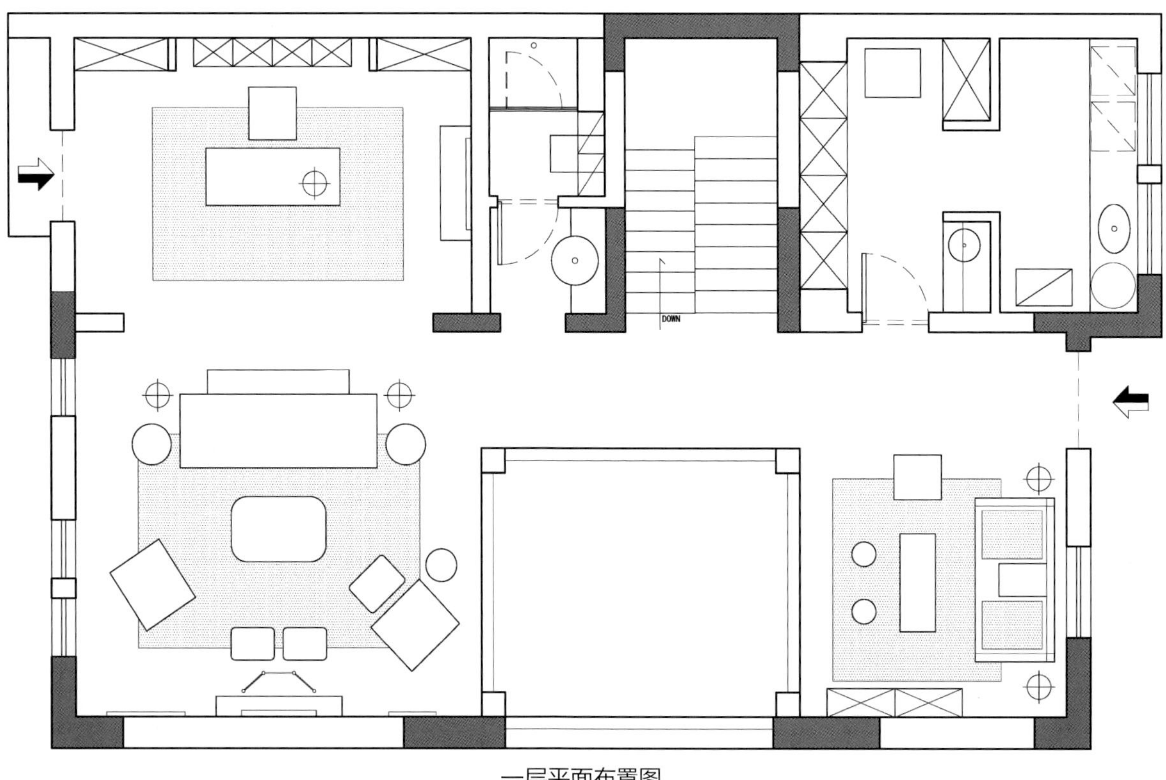

一层平面布置图

阳光海岸
SUNSHINE COAST

项目名称_阳光海岸 / **主案设计**_叶瑞强 / **项目地点**_福建省厦门市 / **项目面积**_710平方米 / **投资金额**_650万元 / **主要材料**_石材、瓷砖、原木、棉麻、墙纸

A 项目定位 Design Proposition

别墅位于海边，自然环境优美，本案为独栋别墅，采光好，户型方正。业主品味高雅，思想活跃，对中国文化的爱已注入骨髓。此案突出主人儒雅、平和的气质，植入了禅的文化。

B 环境风格 Creativity & Aesthetics

别墅可望大海，干净现代的建筑，与大海相得益彰，建筑运用了“退让”关系“进其实是为了退”“退也是为了进”，符合东方人的思维。在园林上植入了禅意的园林小景，让室内与室外有了对话。

C 空间布局 Space Planning

此案的空间布局，设计理念是以人为本。业主需要的是一个静谧、舒适的空间，个人喜欢茶道。在区域分格上比较明确，相对独立。把接待客人都留给了茶室，是闽南人的主要社交活动。它独立，又可以跟其他空间有小的互动。一层主要是社交活动，分静区、动区。二、三层为私人私密空间。

D 设计选材 Materials & Cost Effectiveness

体现出时代感，运用生态、环保、智能产品，设置中央净水、软水、新风系统、地热系统、中央空调、声光等智能设计系统，石材、瓷砖、原木、棉麻、草编的墙纸。

E 使用效果 Fidelity to Client

好评。

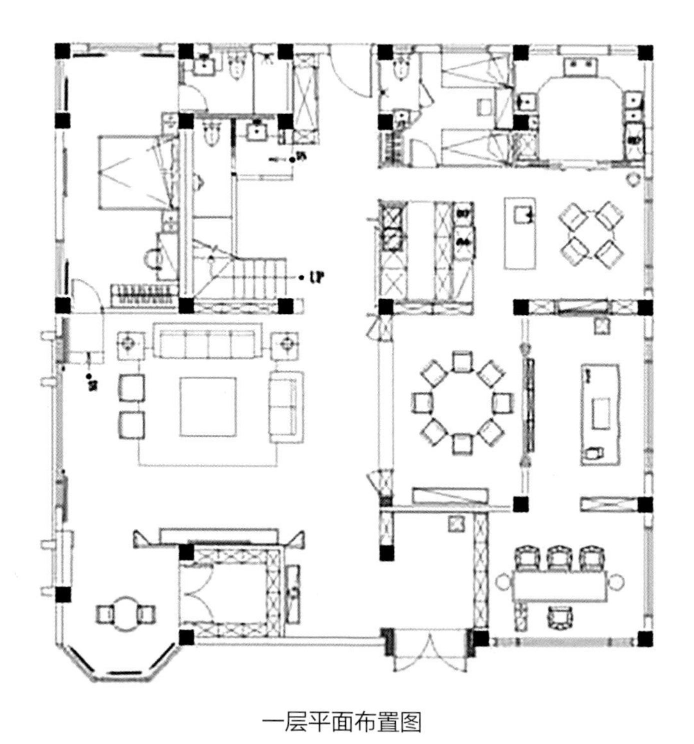

一层平面布置图

四季之家
HOUSE OF FOUR SEASONS

项目名称 _ *四季之家* / **主案设计** _ *张智琳* / **项目地点** _ *台湾云林县* / **项目面积** _ *461 平方米* / **投资金额** _ *2500 万元*

A 项目定位 Design Proposition

这个绿色房子所处的云林县是纯朴的农村城市。对于基地的第一印象是被农田、竹林、和乡村道路所包围。此外，在此基础上有几棵树原始树种存在。我们保留现有的树木，并且将其作为建筑配置及景观规划的主轴，因为我们相信自然物种是珍贵的。 建筑应该是尊重并且顺应环境，所以我们尽量减少对自然的影响。

B 环境风格 Creativity & Aesthetics

建筑设计的规划上，是使建筑与大树处于相对的位置上，无论是天际线或是方位配置，都是相互对应并且融入的。

C 空间布局 Space Planning

这间房子有五个家庭成员使用。在一楼是停车空间、客厅、厨房、休憩室和一间卧室。我们的视线可以一路从客厅到餐厅及厨房，将楼梯作为建筑中心，串连起所有空间与家庭活动，没有实墙的固定隔阂让空间更为流动顺畅，也使其充满更多想象与期待。

D 设计选材 Materials & Cost Effectiveness

我们可以透过落地窗，看见楼梯旁边的庭院景色，在楼梯上下空间里，我们也可以感受到时间与季节所带来的变化，深切地感受到环境与生活同步。当进入这间房子，我们可以看到沉浸在阳光下的大树，随着微风飘动的树影。从日出到日落，我们可以感受到不同的光影变化，就算在家里，也能清楚感受到季节与时间的变化。创造似乎不存在的边界，强调室内及户外的连结。共存是我们想遵循的理念。

E 使用效果 Fidelity to Client

自然创造一切，而我们回归自然，这是一栋与土地共同呼吸的建筑。

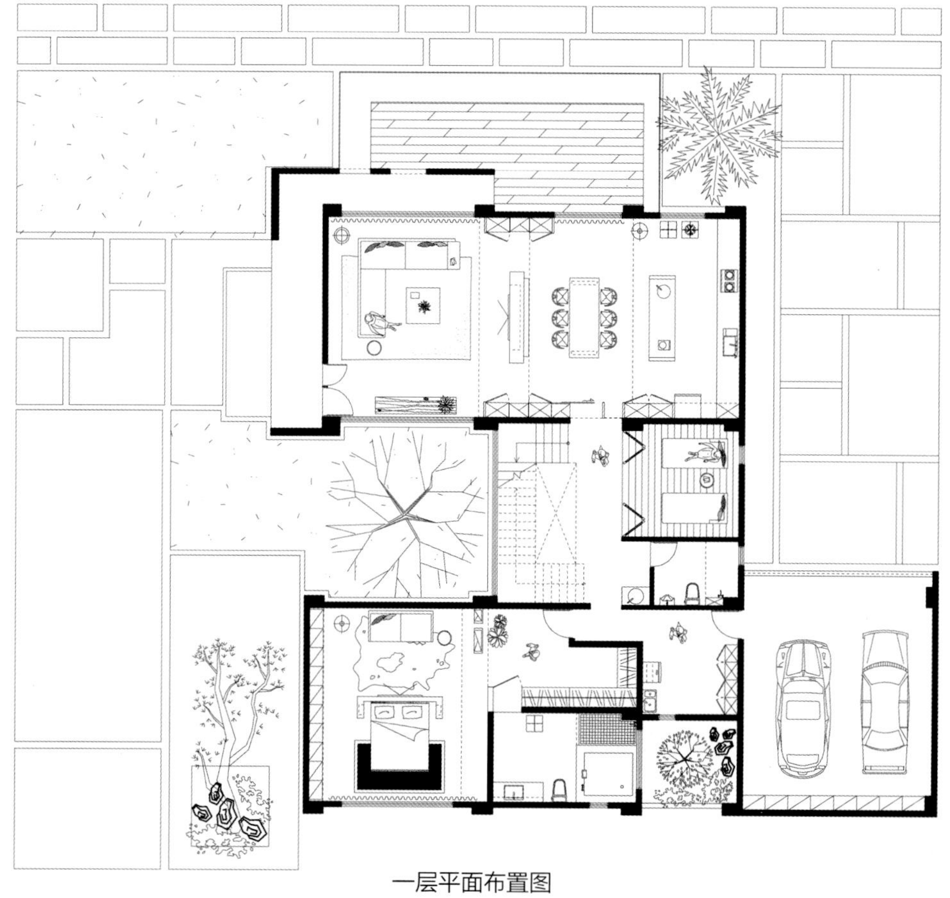

一层平面布置图

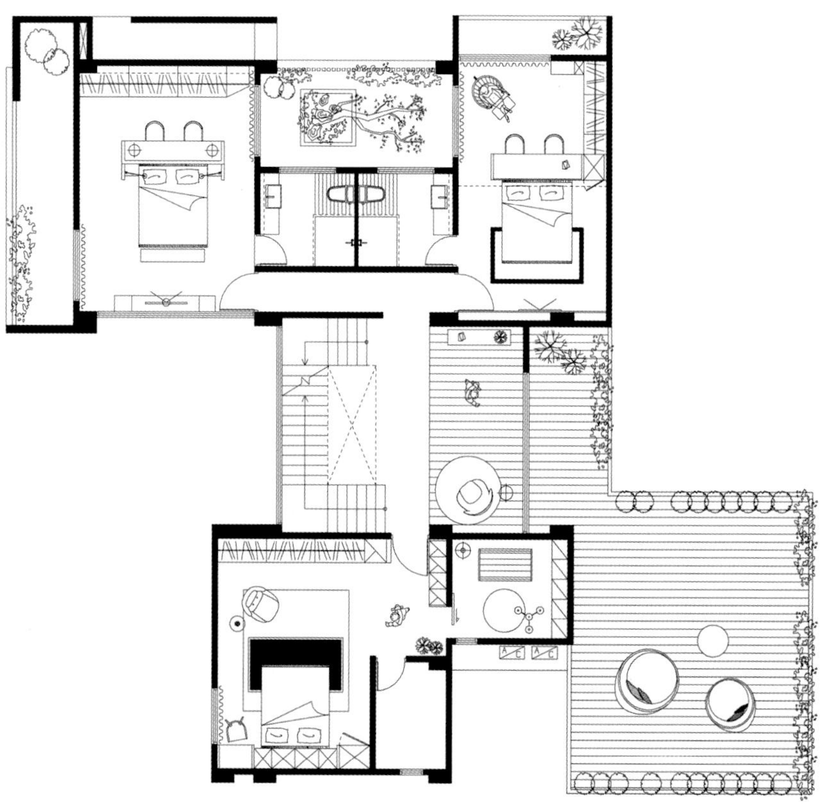

二层平面布置图

STAIR DESIGN
LOBBY DESIGN

LOBBY DESIGN
STAIR DESIGN

STAIR DESIGN
LOBBY DESIGN

STAIR DESIGN
LOBBY DESIGN

ITALIAN DESIGN
STAIR DESIGN

留·域
RETENTION DOMAIN

项目名称 _留·域 / **主案设计** _萧冠宇 / **参与设计** _陈羽莲、董家锦、王俊智、苏致豪 / **项目地点** _台湾桃园县 / **项目面积** _600平方米 / **投资金额** _3000万元 / **主要材料** _清水模、梧桐实木、台湾桧木

A 项目定位 Design Proposition

清水模第一眼是冰冷的印象，利用曲线造型及木材质调和空间。

B 环境风格 Creativity & Aesthetics

透过大片窗望向外，儿时记忆中的树屋出现在鱼池另一端，随着绿意与洒落下来的阳光打造舒适惬意的日子，也同时酝酿着生活的累积。

C 空间布局 Space Planning

家中墙面由清水涂料而展开的垂直水平，与曲线流畅的天花造型所营造的视觉趣味沿着特制玻璃延伸到了另一个空间。吸引着访客目光的即是眼前有如精品橱窗般的车库。借由展示的方式，大方地表达着屋主对于自由及车的热情。

D 设计选材 Materials & Cost Effectiveness

踏上第一阶开始，以对缝排列方式一步一阶感受着实木地板的温暖。条列利落的灯沟营造出公私领域间的转换。同样以清水涂料为基底，延续视觉脚步来到二楼，打开大片门扉瞬间勾勒出空间层次。视线经过起居室到达主卧。小孩卧房以色调围绕着，搭配木质肌理连结整个空间。

E 使用效果 Fidelity to Client

利用纯粹材料的特性展现精准的空间尺度。呈现空间的舒适性，让居住者停留、逗留，这是一个居住的场域。

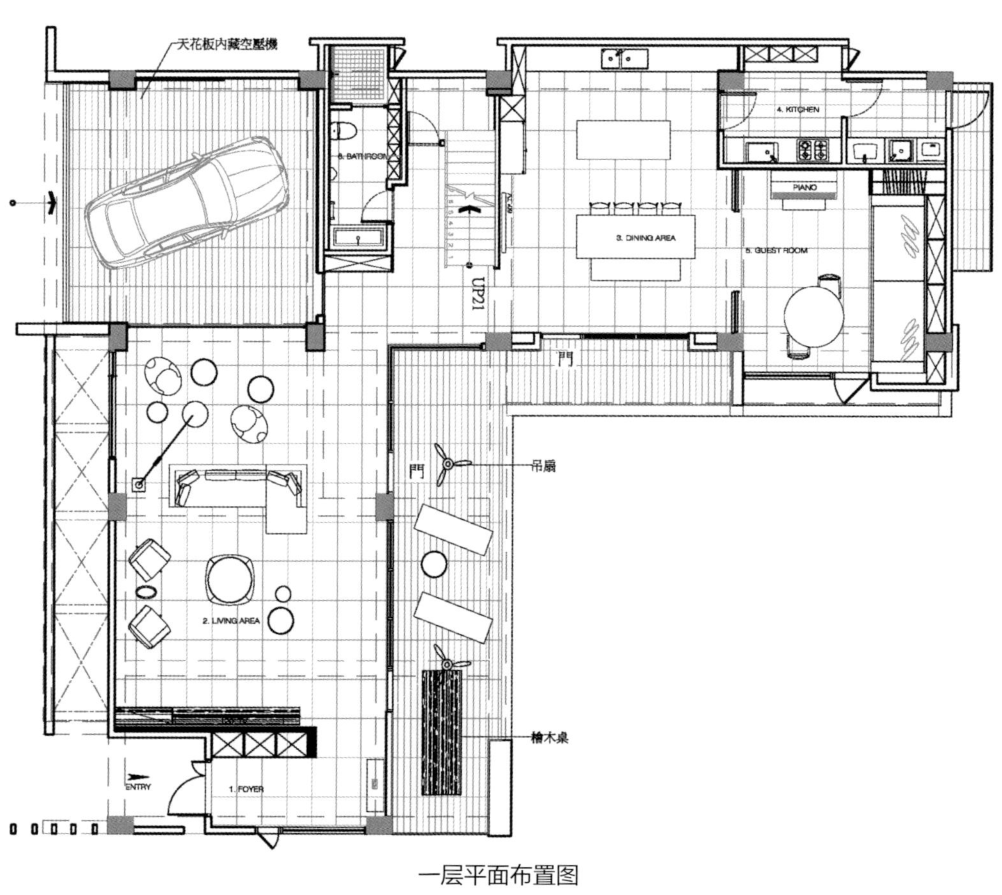

天花板内藏空壓機
6. BATHROOM
4. KITCHEN
PIANO
3. DINING AREA
5. GUEST ROOM
UP21
門
吊扇
2. LIVING AREA
檜木桌
ENTRY
1. FOYER

一层平面布置图

灵性自然
SPIRITUAL NATURE

项目名称＿灵性自然 / **主案设计**＿张肖 / **项目地点**＿湖南省长沙市 / **项目面积**＿300 平方米 / **投资金额**＿130 万元

A 项目定位 Design Proposition
我们生活在自然中，却很少去尊重自然，本案通过人和动物在自然界生存的回忆，汲取灵感，将现代生活的点点滴滴与自然相融，建立起了人与动物、自然的灵性情感，此案追求自然，感受大自然的灵性，感悟造化天道，保护灵性自然。

B 环境风格 Creativity & Aesthetics
客厅收购而来的废木材，将其还原了它的本质，保存了木材横切面的自然年轮，随意的垒叠，让空间墙体自然输入了森林的遗传特征，让每一个慕名参观的人，都能感觉到生态环保给人的震撼和力量。

C 空间布局 Space Planning
作品在空间上的布局，以人为本，还原了人生活的本质，以舒适、流畅、便捷的行动方式出发，将人在自然中的生活轨迹一一保留下来。

D 设计选材 Materials & Cost Effectiveness
作品在选材上，杜绝了皮料，选择了自然的一些材质，也是为了唤醒人们对动物的保护，拒绝动物皮草，让它们远离活剥的痛苦。

E 使用效果 Fidelity to Client
清爽，简约，自然，舒适。

MARILYN MONROE

MARILYN MONROE

20018
5565
4698
3800
3658
2296
4825
1707
1836
3400
5318
17085
2081
2057
2800
6982
3166
17085
8007
7364
2900
1746
20018

平面布置图

MARILYN MONROE
Audrey Hepburn

MARILYN MONROE

ABCDE

2号·源
NO.2 - SOURCE

项目名称 _2号·源 / **主案设计** _洪文谅 / **参与设计** _高宸翔、刘羿呈 / **项目地点** _台湾台北市 / **项目面积** _106平方米 / **投资金额** _106万元 / **主要材料** _清水模、实木、烤漆、磁砖等

A 项目定位 Design Proposition

建筑IN城市，构筑源本脉络。从中国古书《旧唐书·儒学传序》中提及：启生人之耳目，穷法度之本源。微观的设计，从不断地探索与追寻的过程当中，给予其自由、活力、生气的涵养，更为生命带来一种内核模式，生活之于空间，就好比建筑对应城市般的去无存菁，需达到天人合一境界。

B 环境风格 Creativity & Aesthetics

新旧IN虚实，植入自然秩序，建筑之于环境，需饱含阳光的光合作用，其间气流的定逸与涌动也需不着痕迹的连贯，所以在区域之间的动线与介质安排上，需就材质、形意、比例做出合宜的表现。我们让屋龄由着建筑周遭的植披与树种，静谧地伸展开来，外墙的拉皮与室内表情延续、重迭，引入自然韵味。

C 空间布局 Space Planning

层次IN纯粹，激荡生活机能。一、二楼的建筑结构规划上，于外观以清水模拉皮，低调地与环境共荣共生。室内线面共构的过程中，借由媒材纯粹的特质引入环境的自然秩序，安安静静面对内在本心的清明寂静。以石、木材料及光影细部表情，与引入室外绿景的延展开阔形成动静之间的对比张力，引申时间、轻重、疏密、纹理之间的应允，完美捕捉鳞比节次的脉络关系。

D 设计选材 Materials & Cost Effectiveness

时序IN脉络，延展对比张力。设计以“源”为出发点，强调建筑对于环境的依存情感、生活对于空间的必要关系。材质上透过清水模、实木、烤漆、磁砖等，由着不同角度从与人切身的感官经验中演绎，透过当下的默观寂照，使得身心一一安在每个当下，与原存在内在的本体一再相知、相遇，自然地发展出特殊且亲昵的重要性。

E 使用效果 Fidelity to Client

初衷IN观照，应允人文环境。强调透过设计，让老旧建筑的外观焕然一新，成为环境地景的目标与传承生活记忆的载体，以及依循创意观照室内空间，衍生人文情感的细腻与纪录活动经验的点滴。

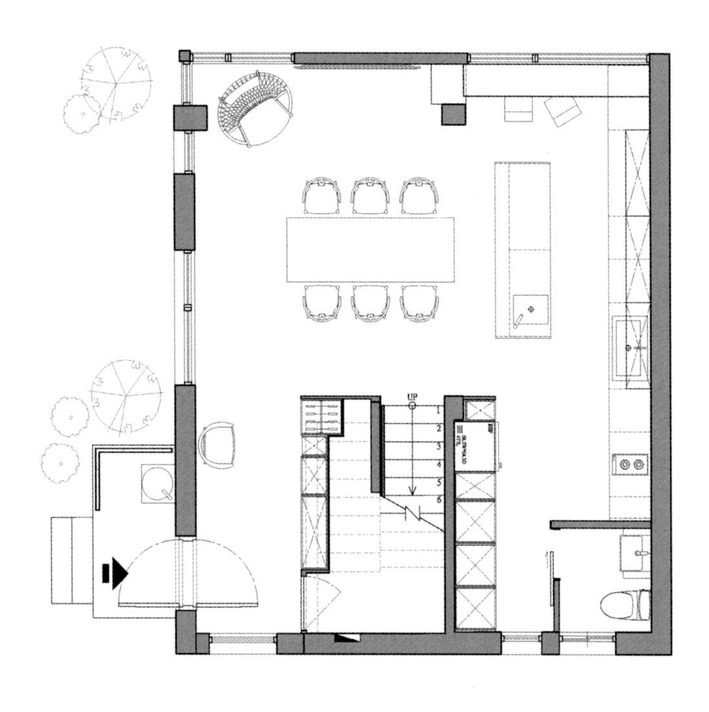

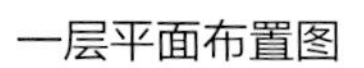

一层平面布置图

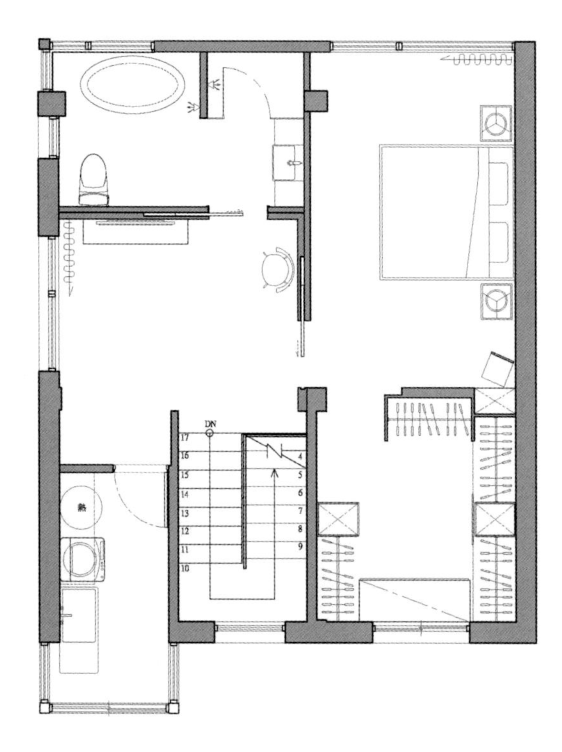

二层平面布置图

FAMOUS FOR FINE FURNITURE

Leisure & entertainment

休闲娱乐空间

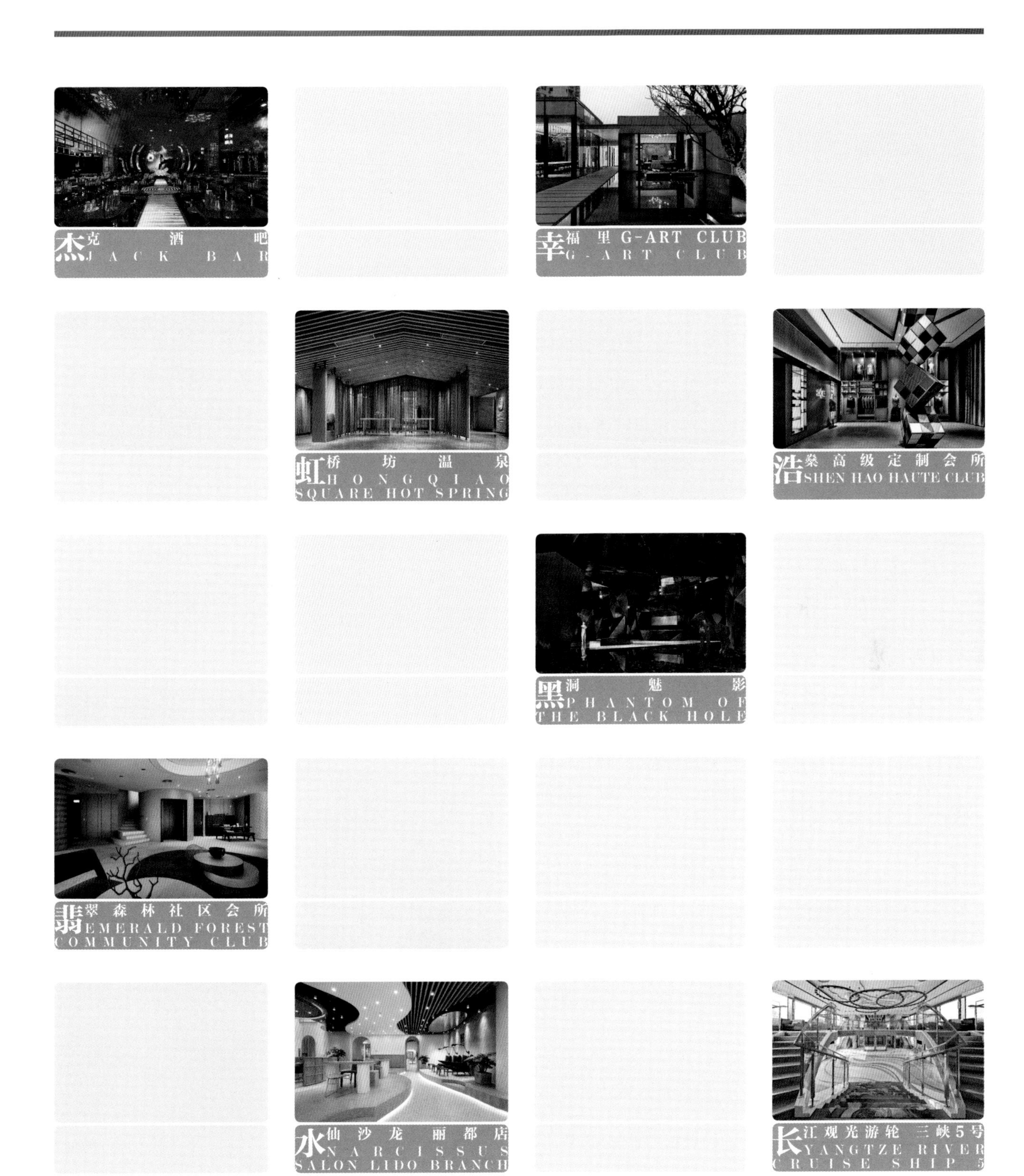

杰克酒吧 JACK BAR

项目名称 _ *杰克酒吧* / **主案设计** _ *陈武* / **项目地点** _ *江苏省苏州市* / **项目面积** _ *1200 平方米* / **投资金额** _ *2000 万元* / **主要材料** _ *大理石、瓷砖、嘉丽陶、彩色不锈钢、金属丝等*

A 项目定位 Design Proposition

杰克酒吧位于江苏吴江新城区商业中心市体育场及市政府行政办公中心区域。1000平方米的娱乐空间，耗资 2000 万元打造，成就了最具江南特色的高档商业娱乐场所之一。

B 环境风格 Creativity & Aesthetics

设计师在杰克酒吧设计上不以只是风格作为规划主题的首要表现，而是揣摩经营者对于这个空间的热诚与期待，继而成为创意发想的元素与能量，在掌握到的经营者模式下，将苏派建筑风格传统元素，镂刻于立面上，作为与企业精神——研发与解构，完整呼应，衍生客制化的专属魅力。

C 空间布局 Space Planning

在消费呈现饱和甚至带有浮躁心理的时代下，稀少的就是极具优势的，中式酒吧的出现恰好弥补了市场这一空缺，并很好地吻合了部分人群追求怀旧的心理。杰克酒吧在一定程度上满足了人们追求品位和内涵的心理。习惯了酒吧光怪陆离，人们对于中式低调独特的神秘氛围报以好奇，设计师将苏派建筑风格特色运用至杰克设计之中，有的是满满江南园林 Feel，一扇扇镂空雕花屏风、圆形洞门，烛台吊灯、鸟笼式的舞台 ..... 为酒吧神秘中增加时空交错的氛围。

D 设计选材 Materials & Cost Effectiveness

设计师将杰克营造出的那种儒雅的文化环境与酒吧娱乐融合，体现出高层次的审美与文化修养，既吻合现代人娱乐需求，又能充分体现传统中式的典雅风味。室内软装家具以中褐色真皮皮沙发，配上传统中国红灯光加之传统元素屏风隔断的设计，很好地避免了古典中式风格所带来的沉闷压抑之感，让酒吧里的传统元素更为协调。

E 使用效果 Fidelity to Client

相信只要来过杰克的消费者们定会对杰克酒吧所营造出来的典雅的气息赞不绝口。

杰克娱乐

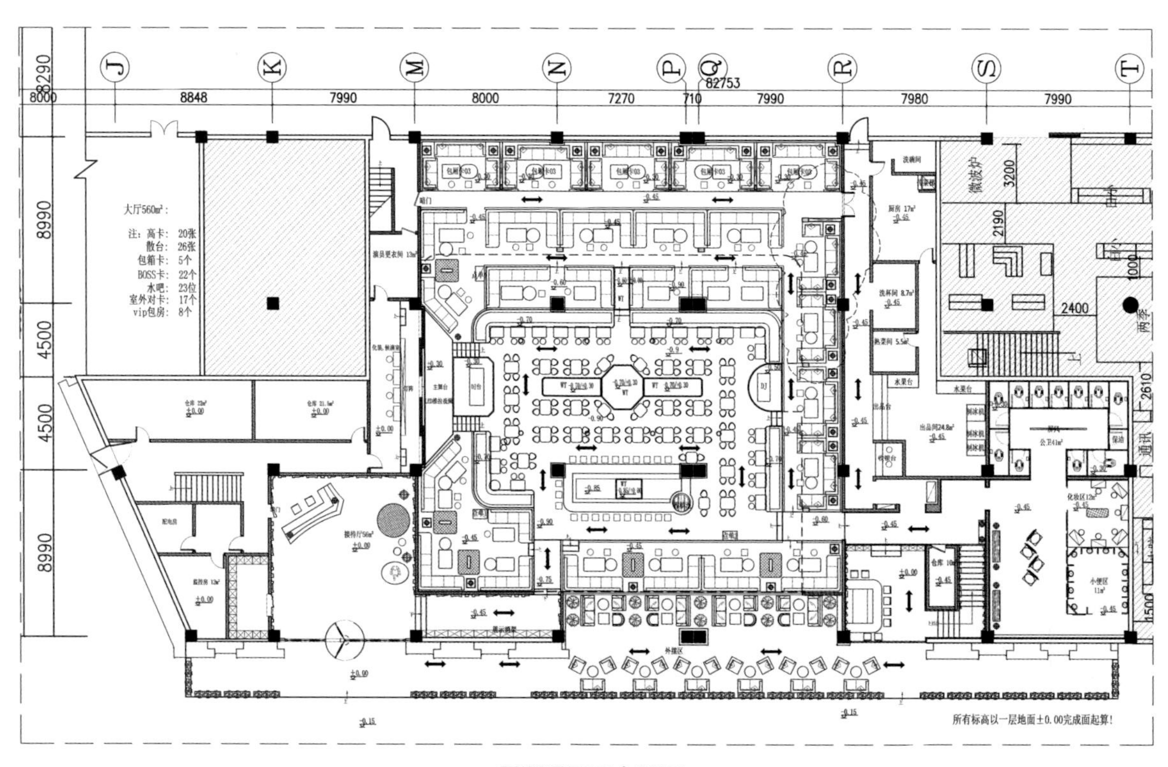
J
K
M
N
P
Q
R
S
T
82753
8000
8848
7990
8000
7270
710
7990
7980
7990
8290
8990
4500
4500
8990
3200
2190
2400
1000
2610
1500
大厅560m²：
注：高卡：20张
散台：26张
包箱卡：5个
BOSS卡：22个
水吧：23位
室外对卡：17个
vip包房：8个
燃油炉
外摆区
所有标高以一层地面±0.00完成面起算！

一层酒吧平面布置图

JACK CLUB
杰克酒吧

幸福里 G-ART CLUB
G-ART CLUB

项目名称 _ *幸福里 G-ART CLUB* / **主案设计** _ *黄全* / **项目地点** _ *上海市长宁区* / **项目面积** _*800 平方米* / **投资金额** _*800 万元*

A 项目定位 Design Proposition

设计师黄全将“东方”视为文化底蕴，“西方”用为设计手法，将现代元素和传统元素结合在一起，操纵着光影与虚实，并最终实现室内、建筑和景观无缝融合，呈现了一个游弋于烟火人间之上的诗意栖居——上海最美的屋顶会所。

B 环境风格 Creativity & Aesthetics

空间中弥漫着精美绝伦的现代风格，而自然色调加入，与空间内的深色系、暖意木纹，现代家具和专属订制而成的灯饰重新阐释了中式叙事语汇。

C 空间布局 Space Planning

一楼大堂没有过多的装饰，留给更多的空间与人对话，定制的人体艺术灯具就像空间的守护者，不仅给空间带来了一分灵气，更能让人能与之互动，每一个人都可以用它摆出不同的造型。从四楼顶面悬吊的红色艺术装置是黄全为空间量身定制，取名为《点滴》，水滴的形态贯穿四层的挑空空间，从底到顶的过程，寓意人的成功终归于点滴的积累，也借此表达他对艺术，对空间的情感。 楼梯的设计，黄全运用最多的手法是保留，保留了原有的结构和地面材料，甚至是残缺的部分，也是对原有建筑的尊重和留念，与之形成反差的是重新设计的富有雕塑感的栏杆扶手，简洁而不乏精致，与地面的残缺碰撞成了全新的美感。 五楼是设置了会客厅、餐厅、会议室以及多功能厅的屋顶会所，成为具有良好私密性的奢华用餐、休闲娱乐与商务之用的雅趣空间。

D 设计选材 Materials & Cost Effectiveness

G-ART CLUB 的改造之于上海，是一场新与旧的碰撞，是对上海城市的活性化和历史脉络的保有，黄全选择用“文化”的力量，承接上海记忆和尊严。

E 使用效果 Fidelity to Client

采用非封闭性的围合，使空间含有室内和室外两种空间性质，实现室内到室外景观的延伸，既丰富了空间层次，又减轻了人们的心理束缚。”

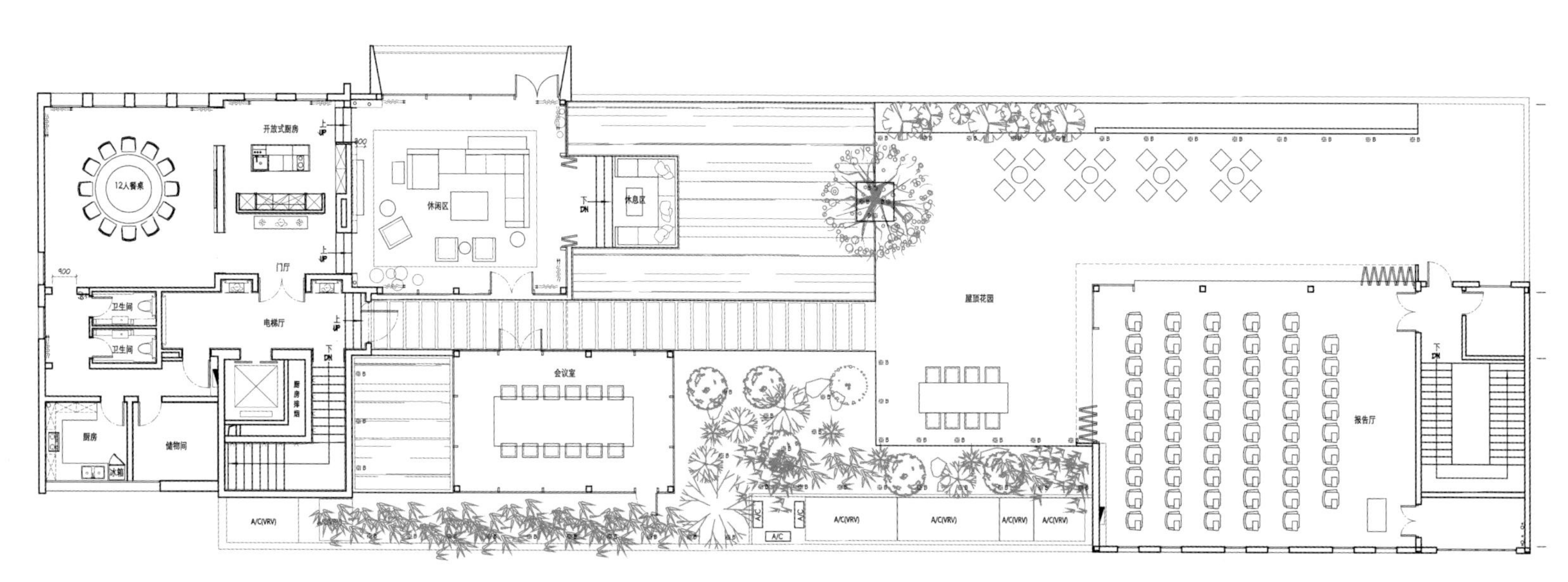
开放式厨房
12人餐桌
休闲区
休息区
门厅
卫生间
卫生间
电梯厅
厨房排烟
会议室
屋顶花园
报告厅
厨房
储物间
冰箱
A/C(VRV)
A/C

平面布置图

ERIC FISCHL
REVELANDO MÉXICO
Egitto
1001 fotografie

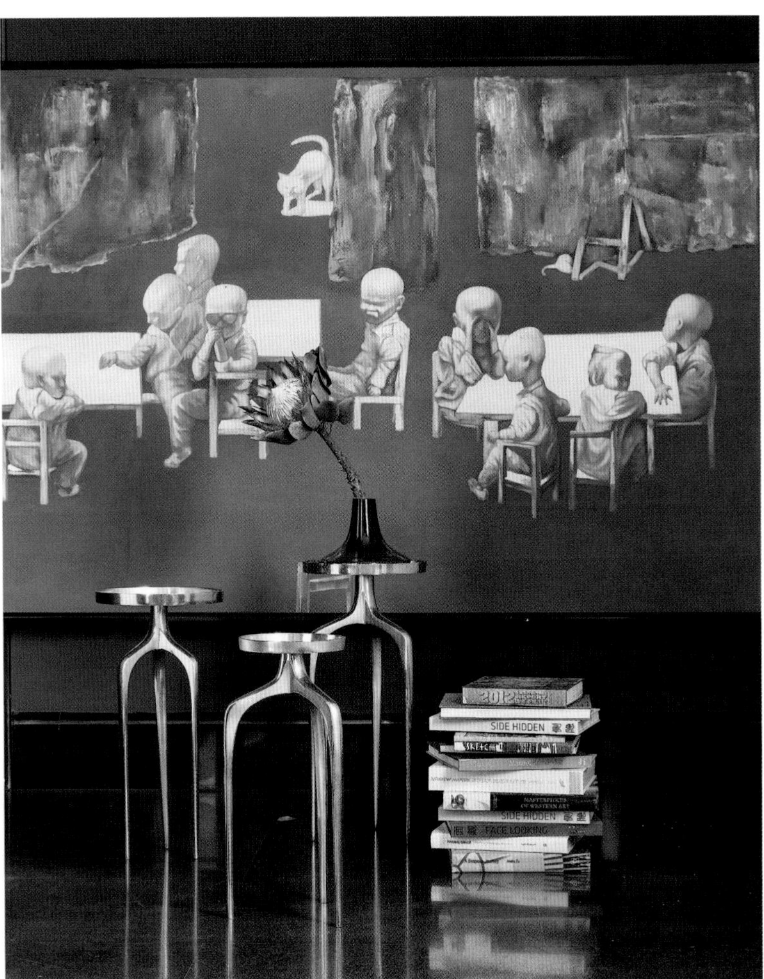
2012
SIDE HIDDEN
MASTERPIECES
OF WESTERN ART
SIDE HIDDEN
FACE LOOKING

虹桥坊温泉
HONGQIAO SQUARE HOT SPRING

项目名称 _ *虹桥坊温泉* / **主案设计** _ *孙黎明* / **参与设计** _ *耿顺峰、胡红波* / **项目地点** _ *江苏省扬州市* / **项目面积** _ *10500 平方米* / **投资金额** _ *8000 万元* / **主要材料** _ *石材、玻璃、防腐金属、陶瓷、竹子*

A 项目定位 Design Proposition

本项目空间设计力图创造一个时尚调性、强体验感、有完整空间叙事脉络的休闲气质业态。设计坚持“大中见精、伟中求雅、雍容里现知性、高贵中求亲和、人文中显国际化”路线，以丰富的空间表情和复合的业态结构，满足广泛的城市中坚人群身心需求。

B 环境风格 Creativity & Aesthetics

整体业态空间的环境塑造上由仪式感和“水”表情共同完成，木纹铝格栅的大面积采用不仅缔造了大空间的恢弘仪式感和空间气场，更流溢着自然、生态的感性视觉。而多种表现手法下的“水”造型，和石材肌理、纹饰即暗示业态属性，又丰富着生机活性的空间表情。

C 空间布局 Space Planning

体量巨大、功能空间类别众多，空间布局很容易形成平均化、散点化，缺失聚焦效应，为此，在整体把控上，材色的浑然整体、空间架构的阵列秩序完成了基调的一脉统一，而主次之间、个性塑造在空间布局上的考区分，则通过业态类型的不同而因势利导，比如负一层的动态型业态空间的灵动多样、一层动静交融业态的大小参差、二层静态业态的景致安谧，而公区部分则让位于舒适感、休闲意味，普遍大尺度、大视野、大块面。

D 设计选材 Materials & Cost Effectiveness

业态的专业要求（耐湿、防潮、防火、防腐），以及体量巨大功能空间众多，对石材、玻璃、防腐金属、陶瓷类材质使用率很高，为不使整个空间因材料的同质化而缺乏活性，对石材的选择遵循多样性原则，通过差异化的色泽、质感、肌理、实透的变化，结合部分生态、仿生态材料（木竹藤等）的综合化空间表现，创造出丰富、灵动、感染力强劲的空间表情和气质。

E 使用效果 Fidelity to Client

本项目虽隶属于虹桥坊温泉酒店，但其业态品质和影响力，亦然超越了从属配套的地位，成为瘦西湖片区最瞩目的旅游、消费地标。

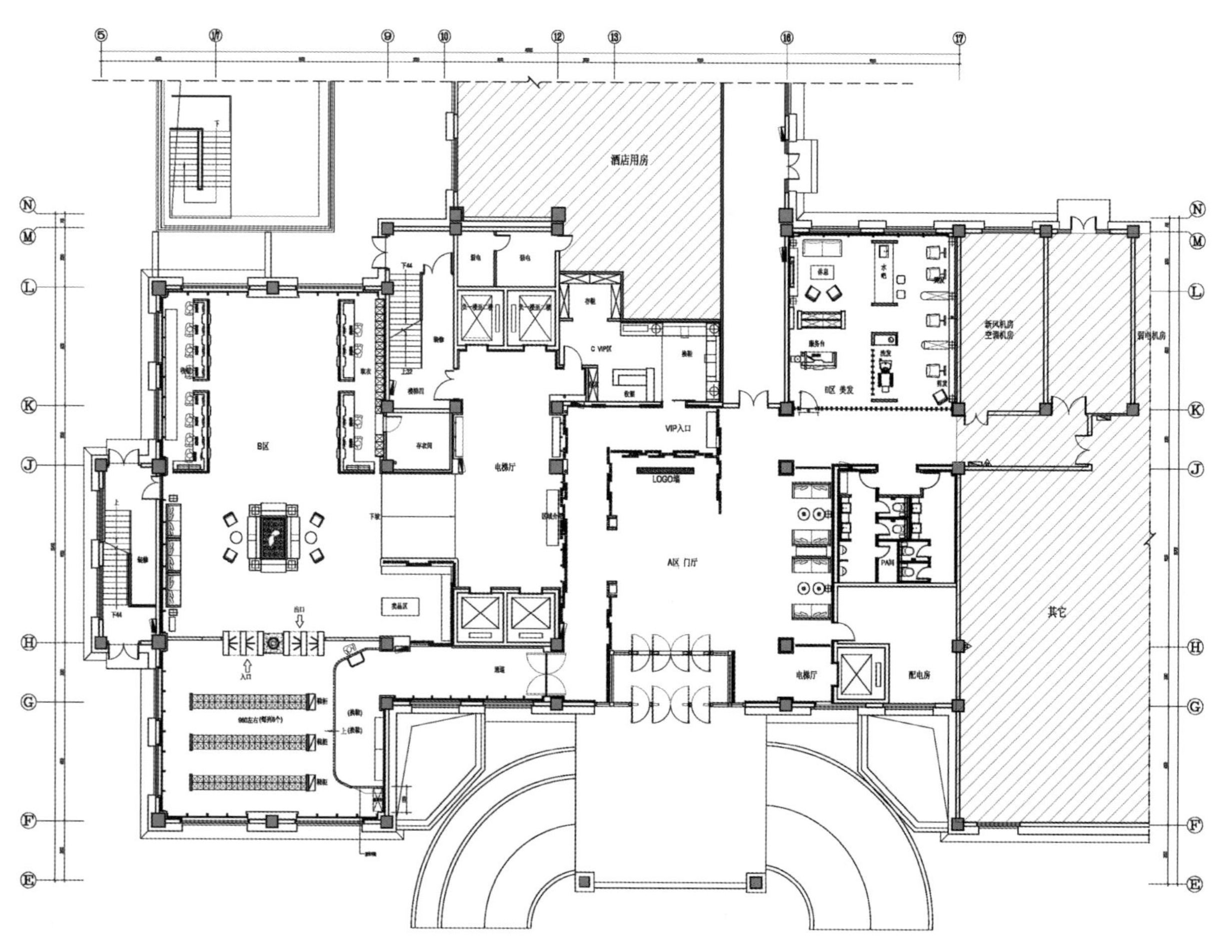

一层平面布置图

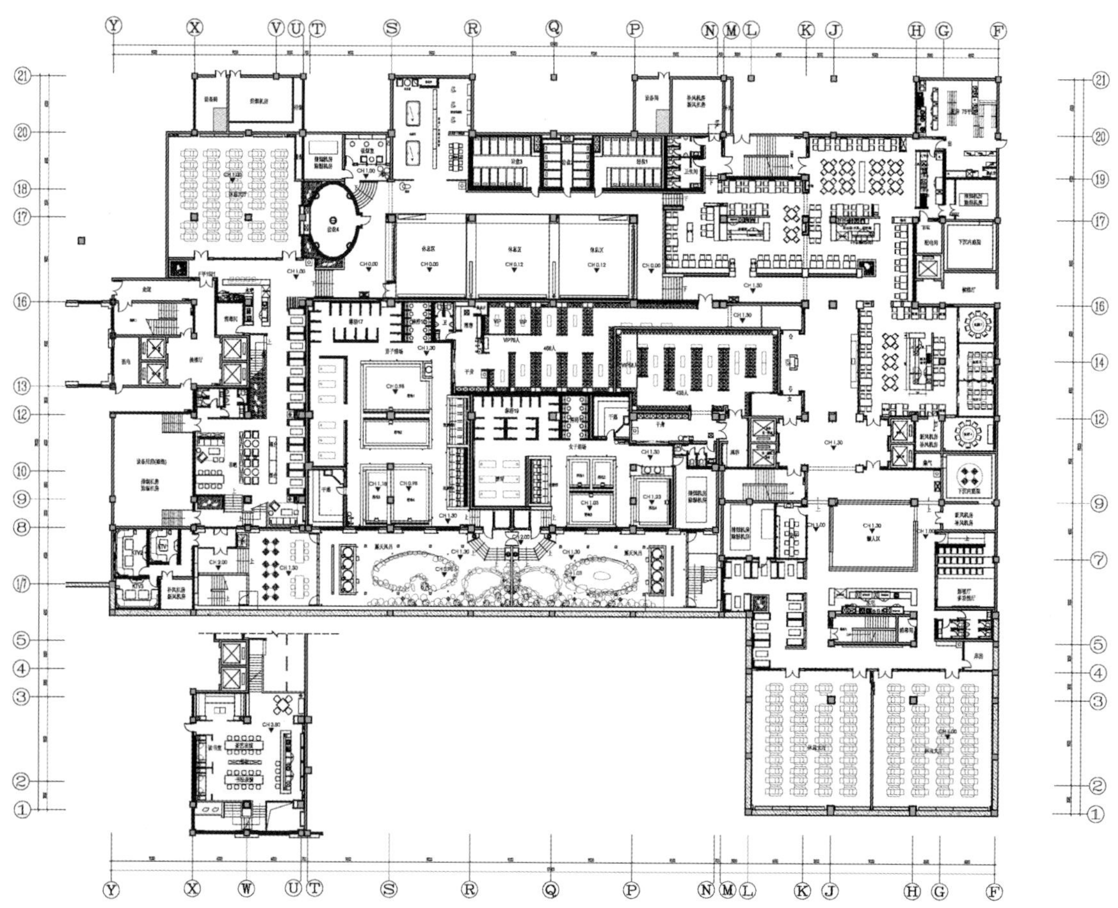

负一层平面布置图

木槿

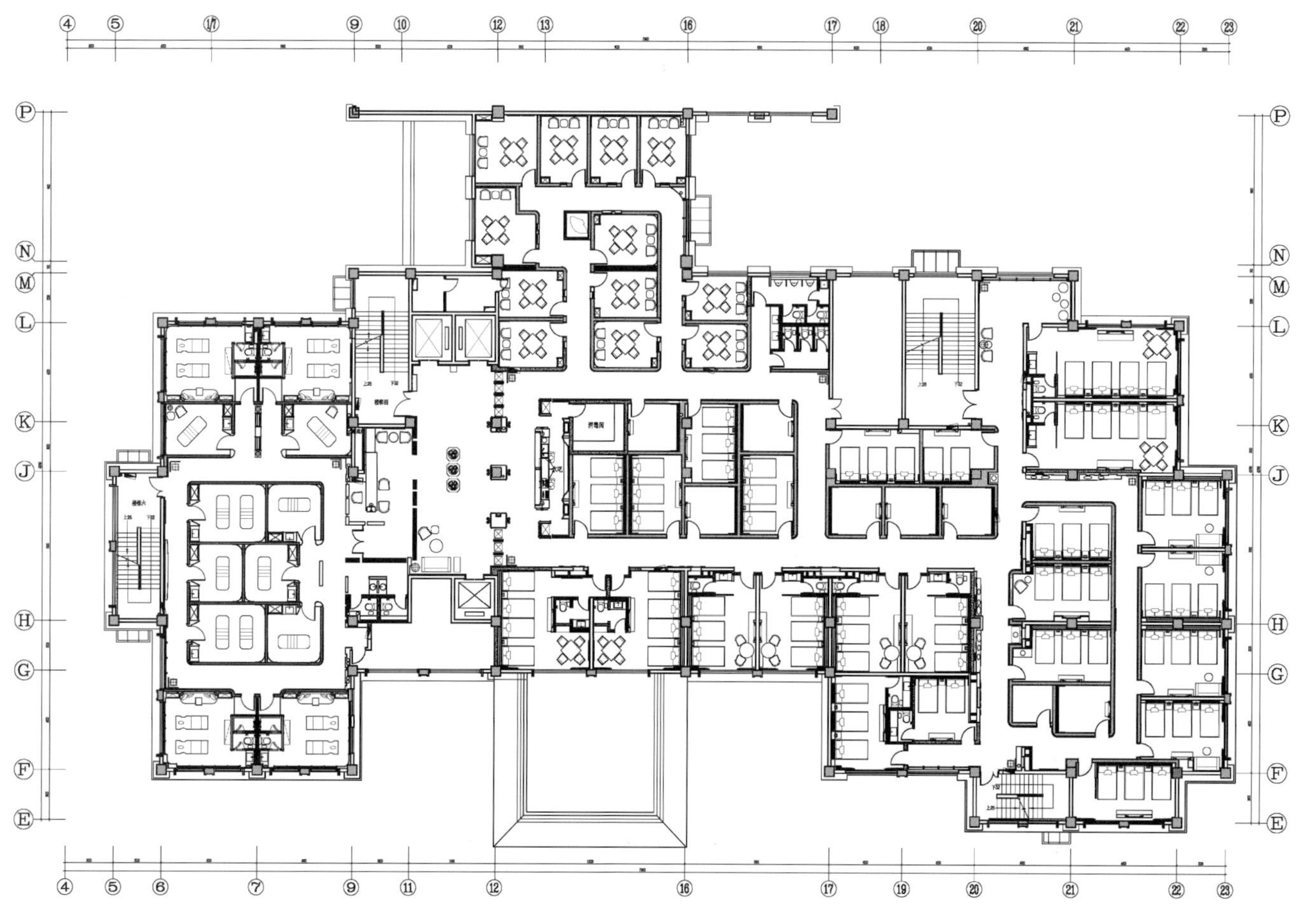
4 5 17 9 10 12 13 16 17 18 20 21 22 23
P N M L K J H G F E
4 5 6 7 9 11 12 16 17 19 20 21 22 23

二层平面布置图

浩燊高级定制会所
SHEN HAO HAUTE CLUB

项目名称 _ *浩燊高级定制会所* / **主案设计** _ *余颢凌* / **参与设计** _ *谢莉、杨超* / **项目地点** _ *湖北省武汉市* / **项目面积** _*400 平方米* / **投资金额** _*180 万元*

A 项目定位 Design Proposition
我们在对浩燊高级定制会所进行全方位改造的过程中，兼顾武汉地域文化元素，将历史融入空间中，把这里打造成一个不仅是城市精英们雕刻服装的场所，更形成了一个文化社交的场域。

B 环境风格 Creativity & Aesthetics
我们利用“魔方”的概念，将魔术方块拉伸、排列、错落、组合与变形，变幻出极丰富的造型元素，赋予不同空间非凡的魔力。

C 空间布局 Space Planning
黑白金三色立调，以永不过时又时用常新的经典色系传达时尚的永恒与弥新。将原本人为压低的三米多层高挑空释放，增加空间的纵深与敞明度。错位的魔方旋转重叠，形成磅礴的体量感。原本的工业 loft 风格以及家具选材选型都与服装设计师 L 女士本身的优雅温婉气质相抵抗，我们于是做了这样素净的办公室氛围。原本的封闭会客厅改造成为了遗世独立的茶室，规避原本空间封闭的状况，并拒绝了改造前的黑色系家具，选用了极为淡雅的软装饰。原本的酒吧区域，并充斥着铁锈斑驳的油漆，无吊顶，极为沉闷闭塞，我们将这个区域重新改造为极具文化特色和社交氛围的多功能厅。

D 设计选材 Materials & Cost Effectiveness
根据不同区域的功能，营造不同空间的格调。

E 使用效果 Fidelity to Client
本案完工后不久，女主人在全新的空间中举办了开业仪式，宾客到访无不交相称赞，顾客更是络绎不绝，是一个很成功的商业设计案例。

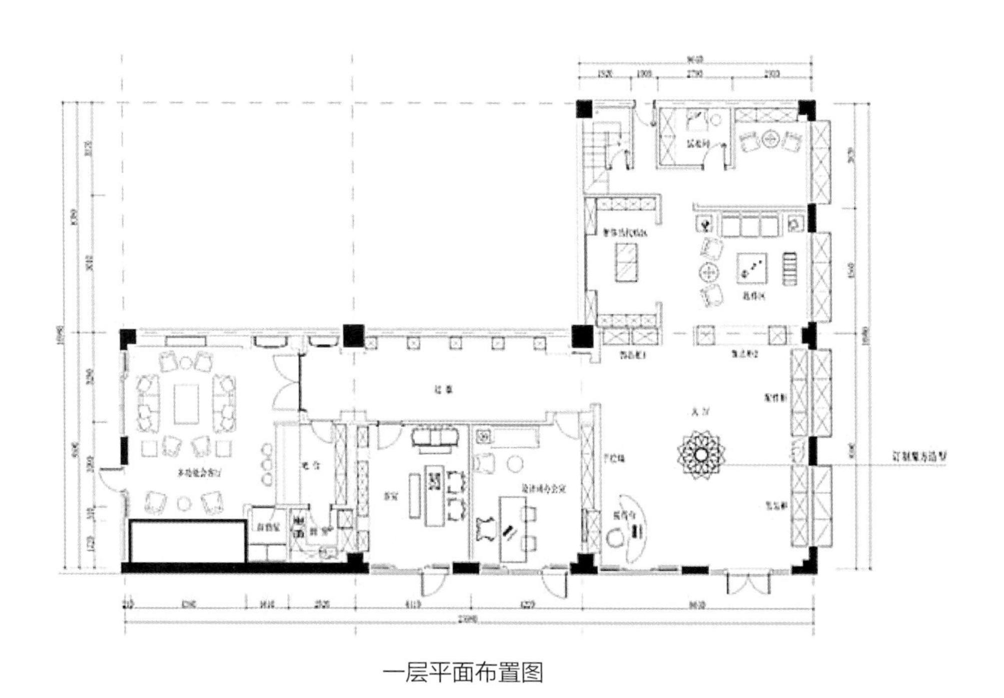

一层平面布置图

Но пусть она вас больше не тревожит;
Я не хочу печалить вас ничем.
Я вас любил безмолвно, безнадежно,
То робостью, то ревностью томим;
Я вас любил так искренно, так нежно,
Как дай вам бог любимой быть другим.
1829 - Александр Сергеевич Пушкин

黑洞魅影
PHANTOM OF THE BLACK HOLE

项目名称 _黑洞魅影 / **主案设计** _梁斌 / **参与设计** _刘全彬、王洋 / **项目地点** _浙江省台州市 / **项目面积** _4000 平方米 / **投资金额** _1700 万元

A 项目定位 Design Proposition

人们的精神文化需求日益剧增，打造一所独具个性的观影空间，无论是对消费者还是经营者都是极具价值的。

B 环境风格 Creativity & Aesthetics

设计师将粗犷的金属做了细腻的展现形式，工业时代的装饰细节与个性且富有设计感的墙面造型，展现了设计师前卫的设计理念。

C 空间布局 Space Planning

空间相互分离却又紧密联系，自由而富有当代气息的空间设计，不规则分割的空间造型在空间中占主导地位，视觉统一，通过不同层次水平进行划分，整个空间自由而富有当代气息。

D 设计选材 Materials & Cost Effectiveness

金属的粗犷与黑色的神秘将影院打造成一个随性、自我的空间。在这里你可以放任不羁的灵魂驰骋于广袤天地之间。

E 使用效果 Fidelity to Client

作品投入运营后，以它独特的几何形态设计元素和炫酷的光影效果。给消费者打造了一个现代、时尚而又随性的观影环境，得到了消费者的一致好评。

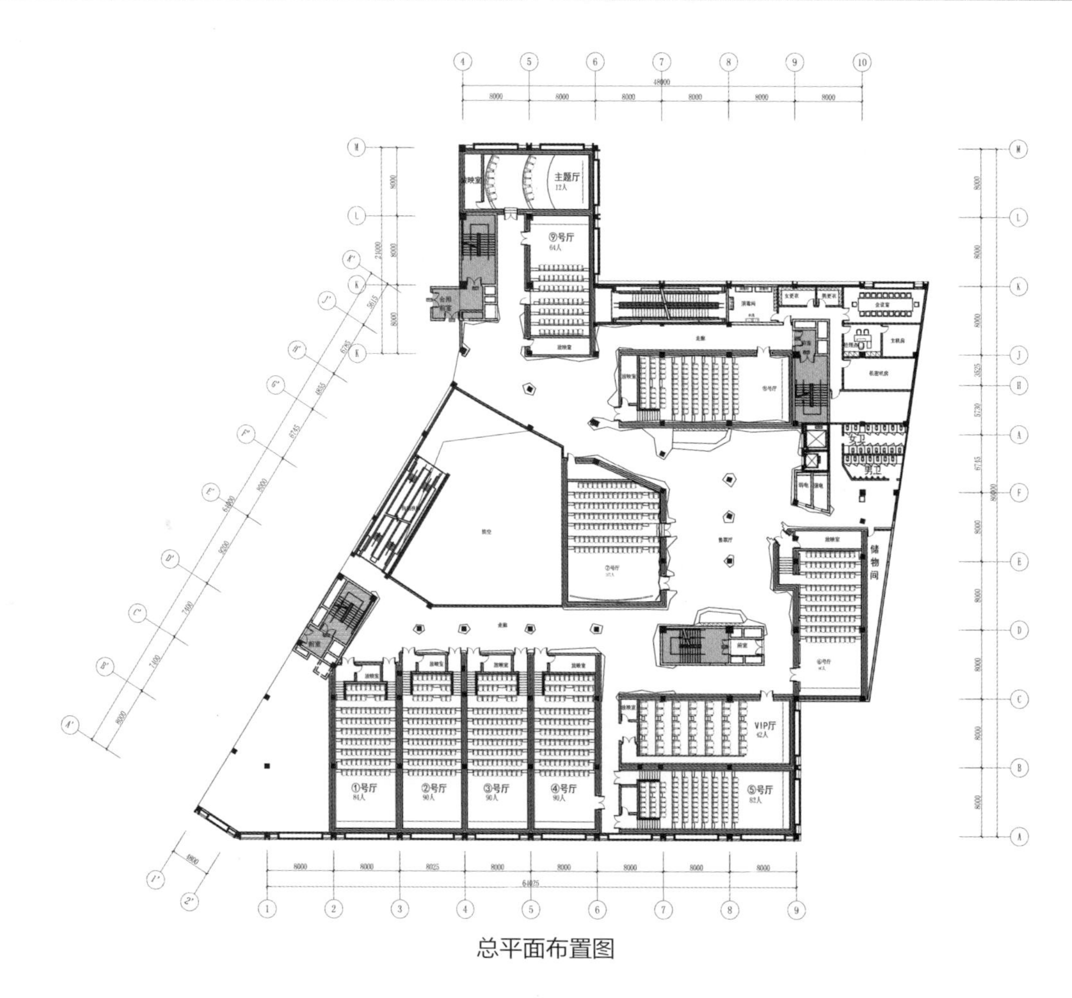
主题厅
12人
⑨号厅
64人
女卫
男卫
储物间
VIP厅
42人
①号厅
84人
②号厅
90人
③号厅
90人
④号厅
90人
⑤号厅
82人
48000
64025

总平面布置图

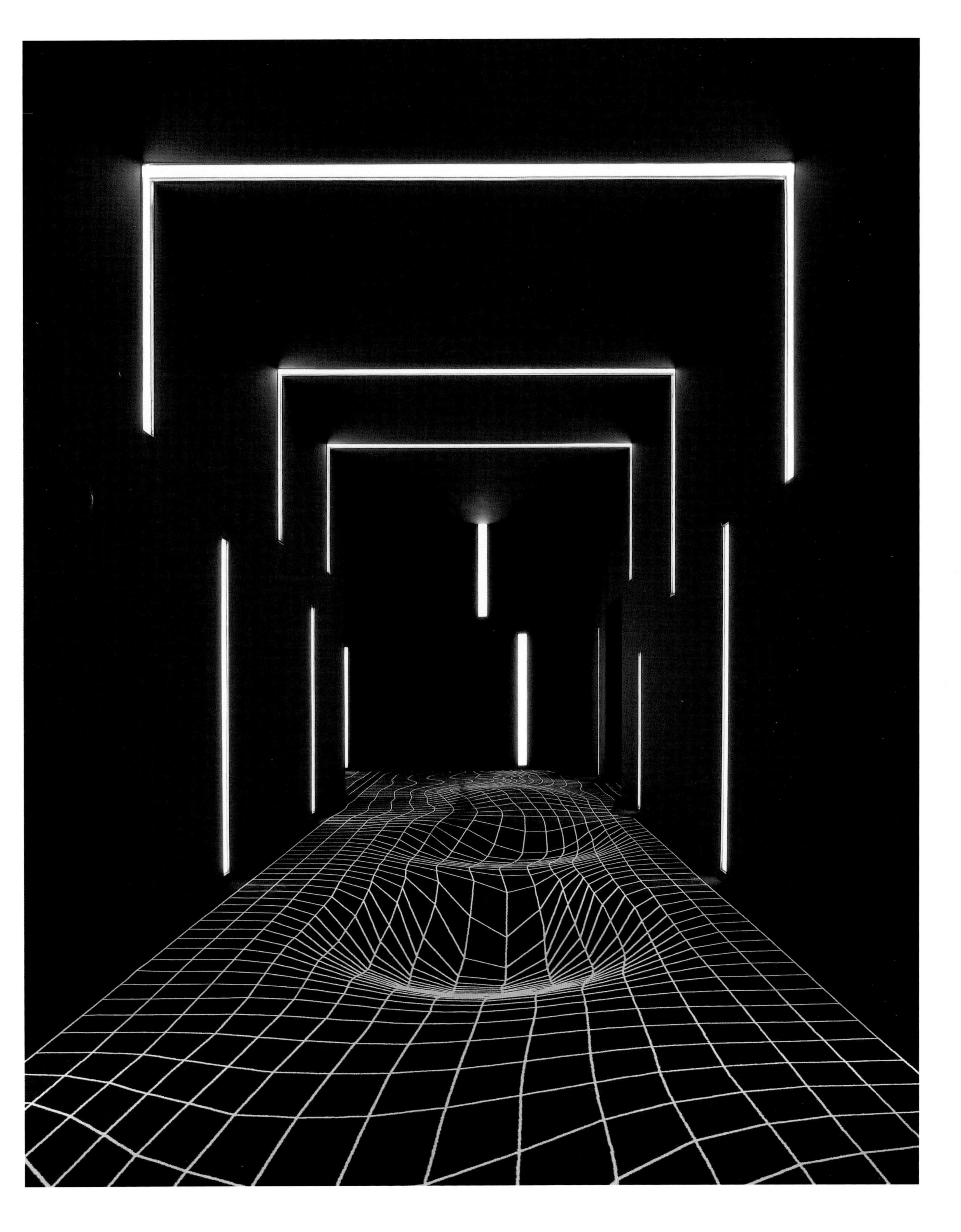

3
21

OSC

OSC

OSC

翡翠森林社区会所
EMERALD FOREST COMMUNITY CLUB

项目名称 _ *翡翠森林小区会所* / **主案设计** _ *罗耕甫* / **项目地点** _ *台湾台南市* / **项目面积** _*2524 平方米* / **投资金额** _*4477 万元* / **主要材料** _ *铝料、金属、玻璃等*

A 项目定位 Design Proposition

我们期许能够创造出与外环境和谐共存、共生、让生活能够亲近自然的建筑，让使用者感受师法自然所带来的美好。 将整个建筑看成一个有机体，每个楼层的外观，透过不同形状的平面做堆栈，打破一般建筑设计的思维。

B 环境风格 Creativity & Aesthetics

建筑楼层以自由的曲线垂直堆栈，是以大自然的形态作为发展设计的想法，景观水池、户外广场与建筑物也形成像丘陵地般的自然风貌；多种高度的平面，高低错落，且相互对应，提供人与人之间更多的互动与趣味性。将大自然的元素带入建筑与室内空间，森林耸立的枝干成为建筑的外墙与装修意象，打造生活与自然共存的居住环境。

C 空间布局 Space Planning

利用连续性的玻璃窗，打破空间界线的藩篱，庭园的内置，应用内化地景的手法，将自然引入室内，创造内与外的连结。不同高程的面，相互对应，让人与人之间增加更多的互动性与趣味性； 为了避开台湾南部西晒的窘境，建筑物西向几乎是实墙对应，减少热幅射对室内温度的影响，2F 泳池面向东方，与其对应的是大片绿树，舒缓了冬季早晨的寒风冲击，并提供东升的暖阳，下午西晒时，建筑物亦成为泳池的遮荫。健身房、瑜珈教室、妈妈教室、开心农场，多种的空间行为在这里产生，连结了不同年龄的族群，创造交流与互动。

D 设计选材 Materials & Cost Effectiveness

利用位差进行蓝带水力循环创造良好的水环境，在外墙采用奈米硅烷酮树脂涂料，具有抗污防水及良好的透气性，外墙板采用被动风墙的设计，结合了阳极处理的铝板与 RC 墙体之间留出缝隙可排出辐射热源，达到室内节能的效果。选用环保再生与可长久使用的建筑材料，减少材料的汰换率，降低对环境的冲击。

E 使用效果 Fidelity to Client

会馆除了满足居民在餐饮、阅读、健身、教学方面等基本需求外，更应达到交谊、人际沟通等目的，其中最重要的是创造出一个能够凝聚小区情感的感性空间。

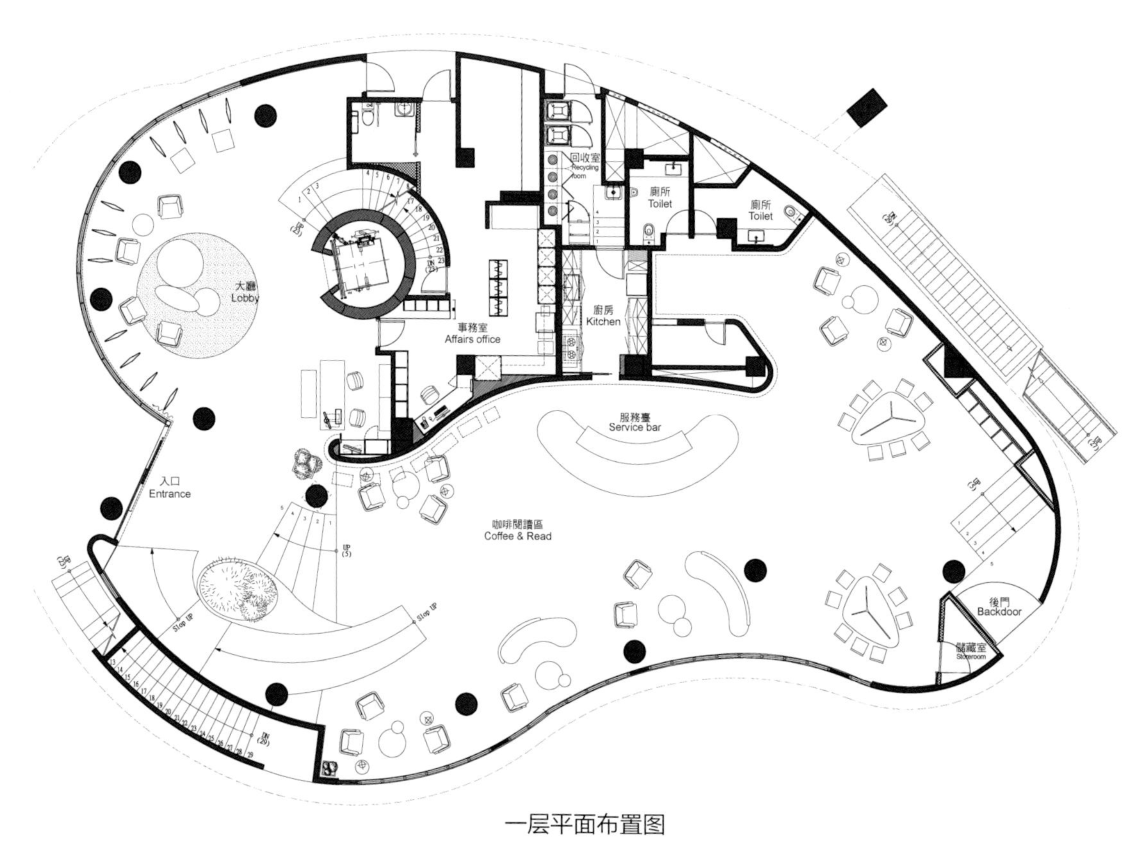

回收室
Recycling room
廁所
Toilet
廁所
Toilet
大廳
Lobby
事務室
Affairs office
廚房
Kitchen
服務臺
Service bar
入口
Entrance
咖啡閱讀區
Coffee & Read
後門
Backdoor
儲藏室
Storeroom

一层平面布置图

水仙沙龙 丽都店
NARCISSUS SALON LIDO BRANCH

项目名称 _ 水仙沙龙 丽都店 / **主案设计** _ 青山周平 / **参与设计** _ 藤井洋子、B.L.U.E. 建筑设计事务所 / **项目地点** _ 北京市朝阳区 / **项目面积** _450 平方米 / **投资金额** _360 万元 / **主要材料** _ 涂料、瓷砖

A 项目定位 Design Proposition

现在都市中越来越多的人选择独居生活，家的概念逐渐从每个家庭剥离出来，向城市的公共空间中蔓延。在这种背景下，城市的商业空间正逐渐成为城市居民的另一个家。此次改造希望突破传统店铺的空间模式，回归生活里思考，引入家与胡同的概念，整个空间是一个和胡同相连可以穿行的连续空间，连接人与人、人与胡同的周遭共生。

B 环境风格 Creativity & Aesthetics

将店铺沙龙变成一个家，家的各个要素都被展现出来，同时这里也是城市的缩影，设计本在营造胡同里的家的亲切氛围。

C 空间布局 Space Planning

为迎合店铺的整体理念，在空间的形式与布局上更多地采用圆形的要素。在保证特定功能空间的同时，创造一个整体的连续的开放空间，增加了人与人之间交流的机会，模糊的空间界定使得室内空间像是胡同街道的延伸。

D 设计选材 Materials & Cost Effectiveness

地板、墙壁、天花、家具等都是使用了朴素的自然材质，忠实于材料天然的真实的质感，最大程度地减少人工的涂装加工，带给人一种粗粝又温暖的感受。在简洁的空间中，利用材质细节的设计表达新颖的构思，达到“不简单的简洁”。

E 使用效果 Fidelity to Client

在室内沙龙空间中再现了一个家的样貌和多样的城市生活感受，给人以踏实温暖的感觉，回到原点，回归生活。

水仙
narcisse
YANFF
研肤
YANFF
研肤
10+10
雪绒花

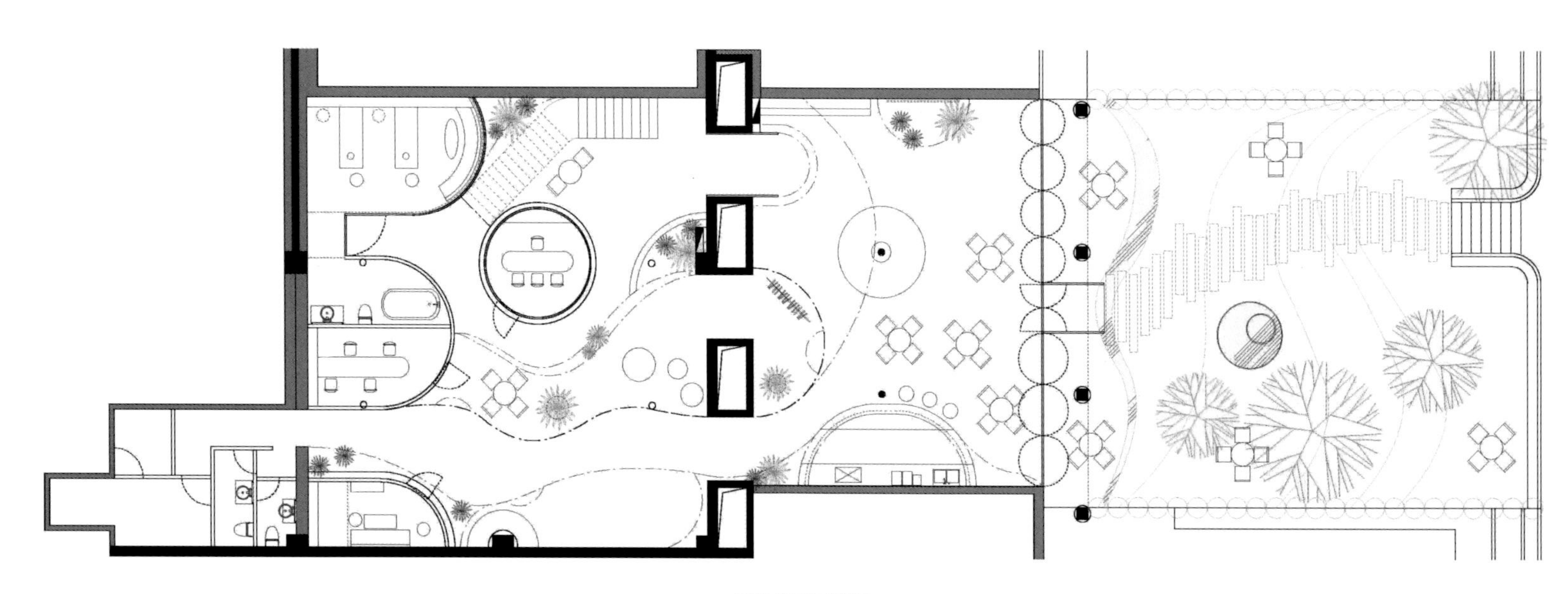

一层平面布置图

10+10

长江观光游轮 三峡 5 号

YANGTZE RIVER CRUISE SHIP 5

项目名称 _ *长江观光游轮 三峡 5 号* / **主案设计** _ *王治* / **项目地点** _ *湖北省宜昌市* / **项目面积** _*300 平方米* / **投资金额** _*500 万元* / **主要材料** _ *木质、金属*

A 项目定位 Design Proposition

在 21 世纪的今天，大型豪华邮轮，已经不仅是一座可以移动的超五星级酒店，更是一个在大海上流动的休闲度假村。除了具备酒店基本功能外，它还可以设有多项运动娱乐设施，各种风情餐厅，剧院、SPA、夜总会、绿化公园，甚至是赌场等等，集观光、旅游、休闲、娱乐于一体，当初那种遥不可及的美丽与感动，已成为当下人们的时尚消费与享乐的一种生活方式。

B 环境风格 Creativity & Aesthetics

先了解和游轮设计相关的一些知识，也许能更好地理解设计。关于船舶室内空间装饰的设计领域，也有很多的细节，远洋豪华游轮、内河涉外游船、内河近海观光游轮、公务船、私人休闲艇、趸船等等。不同功能定位的船舶它们在设计建造运营上都有很大的区别。

C 空间布局 Space Planning

长江三峡 5 号属于内河观光游轮，在此之前设计团队已经经历过 4 艘同类型游轮的建造，而三峡 5 号在完善其他几艘游轮的同时，又和其他几艘有了一些区别。

D 设计选材 Materials & Cost Effectiveness

观光游轮航线设计的航程时间一般是 1~2 小时，尺寸设计 30M~60M 不等，而三峡 5 号的要求比较特殊，它的航线设计是从宜昌出发，穿过两坝三峡到奉节，航程时间长达 8 小时，船体的尺寸达到 97 米，它的船体尺寸甚至远远大于很多航程在数十个小时以上的涉外游船尺寸，由于它的航线长，载客量大，在空间分布和装饰上与常规的观光游轮设计就有了很大的区别。

E 使用效果 Fidelity to Client

三峡 5 号的设计是典型的商业设计的范畴，所以功能决定了它的形式。无论是空间分布、风格定位，还是材料运用，都始终要服务于运营和管理，这一点的设计上和商务酒店设计的理念是完全相同。

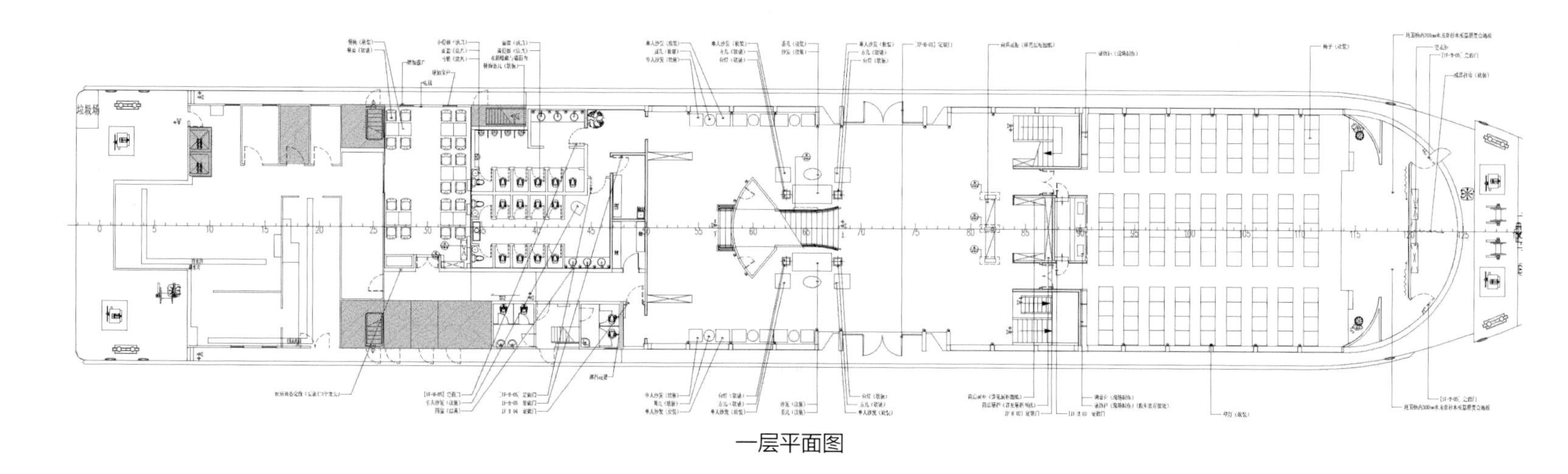

一层平面图

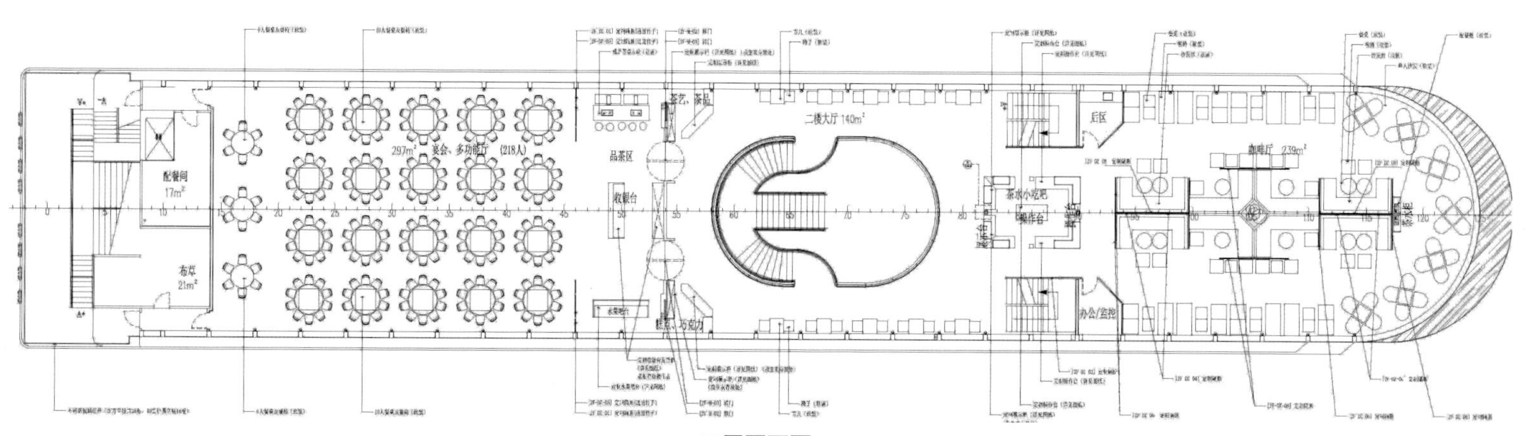

二层平面图

Retail

零售空间

金沙不纸书店
GOLDEN SANDS BOOKSTORE

引力空间家具展厅
GRAVITY SPACE FURNITURE EXHIBITION HALL

鼓岭·大梦
GULING · DREAM

生长的记忆美祥1969木制体验中心
GROWTH OF THE MEMORY-1969 MEIXIANG WOODEN EXPERIENCE CENTER

新华里咖啡书屋
XINHUA BOOKSTORE CAFE

Plus服装店
PLUS CLOTHING STORE

S.life生活馆
S.LIFE LIFE MUSEUM

英良石材档案馆
YINGLIANG STONE ARCHIVES

Blackzmith
BLACKZMITH

瑞欧典藏家饰 高雄店
DE SEDE COLLECTION FURNISHINGS STORE IN KAOHSIUNG

金沙不纸书店
GOLDEN SANDS BOOKSTORE

项目名称 _ 金沙不纸书店 / **主案设计** _ 郭晰纹 / **参与设计** _ 吴耀隆、吴宁丰 / **项目地点** _ 四川省成都市 / **项目面积** _2383 平方米 / **投资金额** _1200 万元 / **主要材料** _ 瓦楞纸等

A 项目定位 Design Proposition
运用时光隧道、植物墙、“创世纪”油画、金沙艺术装置等元素以体现金沙不纸书店，打造一个时尚、人文、绿色、健康、科技新型家庭式阅读体验，生命不息，学习不止。

B 环境风格 Creativity & Aesthetics
营造人文环境，多方面结合：室内智能照明系统、垂直绿化、生态农场、声环境控制、高效通风、回收利用、咖啡 DIY、文化展示。

C 空间布局 Space Planning
融合传统书店与传统售楼处，白色旋转楼梯直通二楼，特设儿童阅读室与家庭阅读室，书籍无处不在，氛围轻松和谐，给售楼处以全新体验。

D 设计选材 Materials & Cost Effectiveness
采用瓦楞纸的元素，环保新颖，全瓦楞纸打造儿童阅读室，高低挂灯，家庭阅读室风格独特，取材五大洲特色，恍如身临其境。

E 使用效果 Fidelity to Client
投入运营后得到了甲方的高度认可，在当地有一定的知名度与影响力，诸多媒体竞相报道，广获好评。

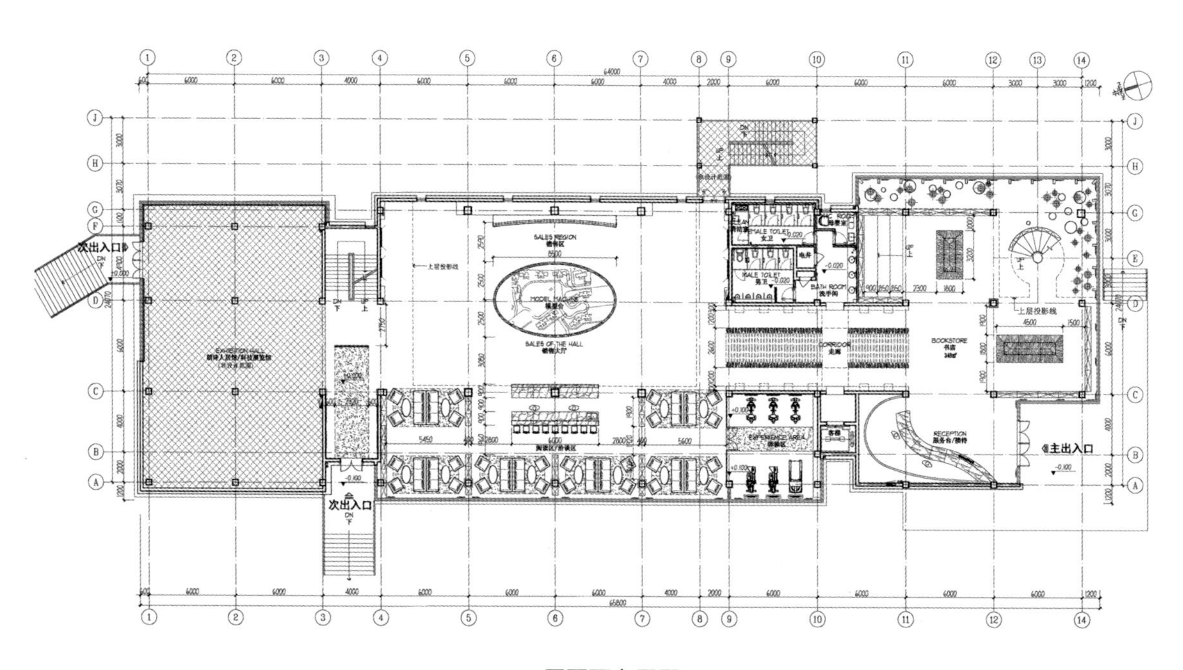

一层平面布置图

鱼羊野史
必然

毛毛虫嘉年华
Cinderella
仙履奇缘

引力空间家具展厅
GRAVITY SPACE FURNITURE EXHIBITION HALL

项目名称 _ 引力空间家具展厅 / **主案设计** _ 方雷 / **参与设计** _ 赵佳宇 / **项目地点** _ 浙江省杭州市 / **项目面积** _1000 平方米 / **投资金额** _50 万元 / **主要材料** _ 石膏板等

A 项目定位 Design Proposition

位于杭州城北创意园内的这间办公家具展厅，在空间设计上，摒弃繁复的设计手法。通过简洁的设计手法表达创新型的办公理念。

B 环境风格 Creativity & Aesthetics

展厅运用工业风的装饰手法，裸露的天花，混凝土柱体，原木书柜及钢的自然生锈等不同装饰材料。在风格上更具创新，使得在同类办公家具展厅中独树一帜。

C 空间布局 Space Planning

在平面布置上，将私密办公空间、开敞办公空间、休闲娱乐等空间用参观动线将之串联起来。采用“分流路线，聚焦一点”的设计手法。巧妙融合在通透的室内，赋予整个展厅舒适、自在的办公环境。

D 设计选材 Materials & Cost Effectiveness

材质间不同属性的融合是展厅别样的设计创新点。空间中使用的最多的是石膏板隔墙，简洁的白空间在木材质的烘托下更给空间添了几分温暖感觉。中心区的几片冲孔钢板隔断在经过特殊工艺处理后，钢板生锈的表面肌理与简洁白墙形成强烈对比，穿过锈钢孔洞的灯光让空间灵动，富有穿透力。地毯选用环保型方块毯，拼花的色彩处理使空间更富张力。

E 使用效果 Fidelity to Client

品牌所创达的理念与空间的设计手法高度契合，使该国际化品牌在国际化展厅中体现更强的产品价值。

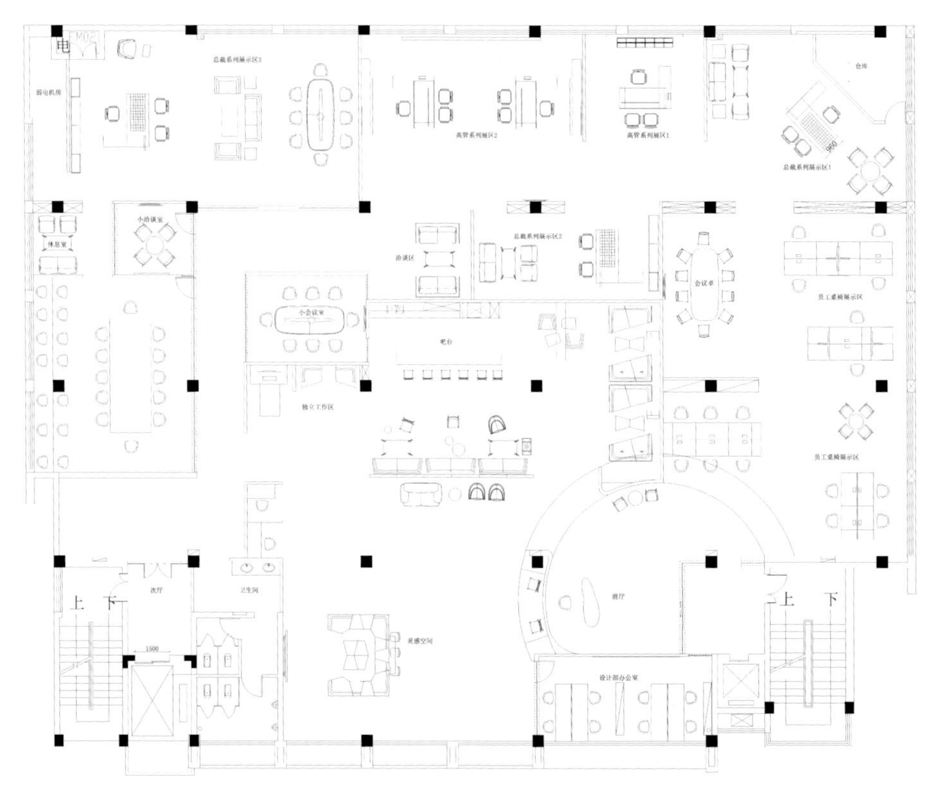

平面布置图

鼓岭·大梦
GULING·DREAM

项目名称 _ *鼓岭·大梦* / **主案设计** _ *黄婷婷* / **项目地点** _ *福建省福州市* / **项目面积** _*520 平方米* / **投资金额** _*150 万元* / **主要材料** _ *木材等*

A 项目定位 Design Proposition

鼓岭·大梦位于福州鼓岭柳杉王公园边上的一幢 20 世纪 30 年代民国风情的原国民党海军少将李世甲别墅中，传统两层木质结构，在鼓岭旧式以西式建筑为主的别墅群风格中独树一帜。设计师深耕建筑本身蕴涵的古典文化精髓，有机融入书香文化，将其设计成典雅、富有民国风情的书屋。

B 环境风格 Creativity & Aesthetics

该建筑物伫立在森林自然景观中，设计师充分利用周边生态环境，因地制宜，将阅读区域延伸到外景观开阔的转角、游廊，打造了一个个别致的专属景观，一楼将庭院围合出一个独立小空间，二楼临窗的地方借公园的自然景致开辟出特色的阅读区。古朴的楼房，搭配外景的开阔，营造了赏书卷山色、共享山居中自然悠闲的阅读生活。

C 空间布局 Space Planning

通过对建筑文化的理解，提炼出重点区域并加以分区，动线的规划简约明了，充分表现书香文化与民国风情的相结合。

D 设计选材 Materials & Cost Effectiveness

采用做旧原木还原建筑物本身的韵味，皮质沙发和一些有代表性的软装陈设，复古墨绿和原木栗色的碰撞，使整个空间自内而外地散发出民国时期特有的轻奢情怀。

E 使用效果 Fidelity to Client

完成后的书屋，自然、平淡、静谧，渗透着一种民国时期特有的风情。让书店陶冶情操的同时，让更多的人融入到民国时期的文化内涵和自然生态的环境中。特色的大梦也变成了鼓岭自然景观区中的一景。

DiamondreaM

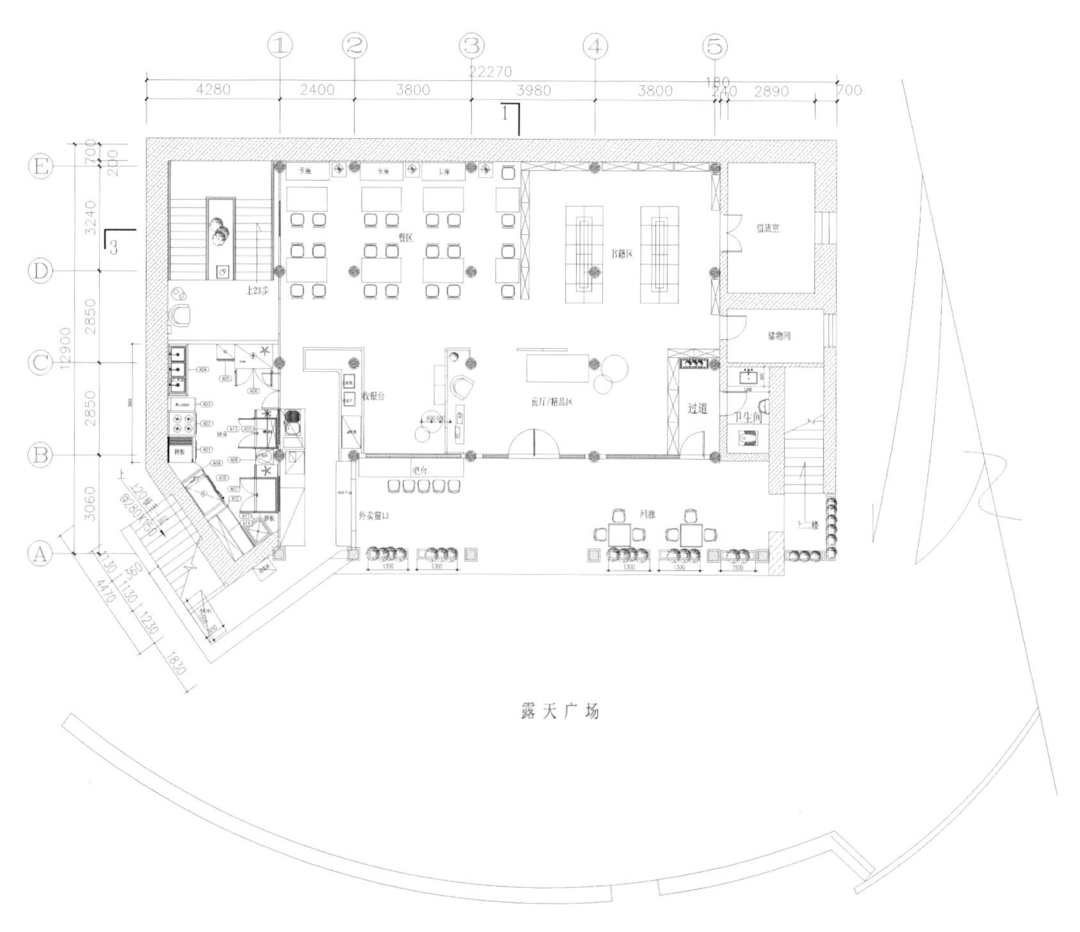
22270
4280
2400
3800
3980
3800
180
240
2890
700
3240
2850
2850
3060
12900
餐区
书籍区
收银台
过道
卫生间
储物间
吧台
外卖窗口
露天广场

一层平面布置图

生长的记忆 美祥 1969 木制体验中心

GROWTH OF THE MEMORY-1969 MEIXIANG WOODEN EXPERIENCE CENTER

项目名称 _ *生长的记忆 美祥 1969 木制体验中心* / **主案设计** _ *曹刚、阎亚男* / **参与设计** _ *杨滔* / **项目地点** _ *河南省郑州市* / **项目面积** _*600 平方米* / **投资金额** _*120 万元* / **主要材料** _ *贴木皮圆管等*

A 项目定位 Design Proposition

记不清楚从哪个地方听到过这样一句话“现在放置肉身的建筑已经太多了”每次想到这句话就会不由自主的放下手中的工作沉思一会，空间里，没有了回忆，没有了交流，更没有了每个人的喜怒哀乐，整个空间仿佛都是合理的只有我们才是多余的。

B 环境风格 Creativity & Aesthetics

在项目中我们希望打造一个能与人的情绪产生对话的体验空间。在平面布置方面，利用对小山村山路与住户之间连接关系的理解，我们把本项目的平面当作一个小山村的规划来做，希望项目的公共部分与私密部分，山路坡道部分与每个家庭之间产生某种联系，让进去的人有似曾相识的感觉。

C 空间布局 Space Planning

整个空间都在与人产生互动，有情感的也有体感的。在空间中还对声音部分的控制上进行了设计，每间隔3分钟的几声鸟鸣也让人与空间与自然的共鸣有了新的连接点。在这种情绪的支配下三两好友在“村子”的道路中就能够沟通、畅聊、回忆。“各家各户”的私密空间，根据各自的用途，设计上也进行了特别的规划，有“李家”的客厅，里面还有几张门神，也有“王家”的餐厅，里面放置了几张八仙桌，还有竹编的盖筐，藤编的暖水瓶，掺有秸秆的灰墙。这一切的场景在设计中都是采用现代简约的设计方式去进行表现，让这些充满回忆的物件成为主角。

D 设计选材 Materials & Cost Effectiveness

设计中在公共走道部分，材料上选用了1800多根贴木皮圆管和上百斤的干树叶，希望让整个方案由平面生长为一个立体的空间，一个有回忆、有林、有路、有家、有记忆的空间。空间的配饰用了比较少的饰品，只是选用了一些能让人产生情绪共鸣的竹筐、树叶、朽木等，在空间中大量“留白”也希望给每一位体验者预留出各自的情绪链接空间。

E 使用效果 Fidelity to Client

运营后木制品定制方面有明显提升尤其是钢管贴木皮的木制品。

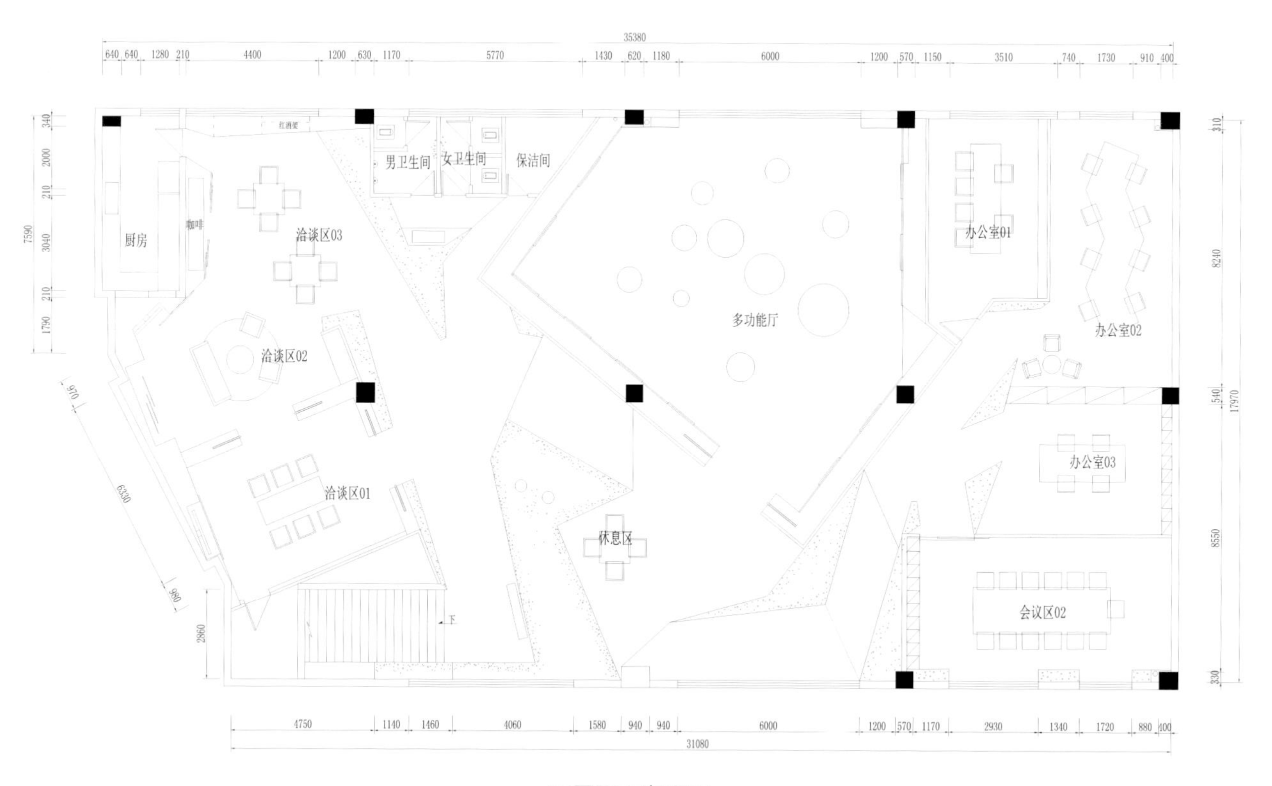
男卫生间
女卫生间
保洁间
厨房
洽谈区03
洽谈区02
洽谈区01
多功能厅
办公室01
办公室02
办公室03
休息区
会议区02

二层平面布置图

新华里咖啡书屋
XINHUA BOOKSTORE CAFE

项目名称 _ *新华里咖啡书屋* / **主案设计** _ *杨奕* / **项目地点** _ *陕西省西安市* / **项目面积** _ *1200 平方米* / **投资金额** _ *350 万元* / **主要材料** _ *欧松板*

A 项目定位 Design Proposition

西安市新华书店小寨店的改造升级迫在眉睫，我们将打造一个汇集怀旧、个性、艺术、特色、文化于一体的新新青年时尚的文化空间。

B 环境风格 Creativity & Aesthetics

结合项目的地理特征，又结合项目未来的目的是营造一个适合年轻人聚集的场所，我们在保留“新华”二字的前提下，为本项目命名为“新华里”，意为打造新华书店的中高端文艺品牌，营造一个以书为载体的艺术、文艺、时尚的咖啡书屋。 一些看似不规则但却自有章法的陈列书架，以及地上随意摆放的“折纸帆船”，寓意着我们在孩提时就不断听说的名词——“书的海洋”。新华里就很任性地在每一层都放置了高大上的休憩座椅，可以单独体会，可以四人一组，也可以重温大学图书馆的排排坐。 真正的咖啡书屋其实在三层，由年轻人喜欢的冰淇淋品牌“芭斯罗缤”与新华里联手运营的三层空间，肯定可以给大家带来意想不到的舒适与惬意。地下一层是互动交流空间，营造一个类似大学图书馆的阶梯区域，随意的拿几本书放在台阶上，席地而坐可以看一下午。

C 空间布局 Space Planning

原先的入口大厅已经具备了 8 米的挑空空间，有很好的空间感受，经与结构方的探讨后，去除了二层过于传统的半圆挑台，形成了有视觉张力的入口大厅效果。

D 设计选材 Materials & Cost Effectiveness

一二层的书柜陈列展示空间大量运用了“欧松板”绿色健康的环保型材料，欧松板的甲醛释放量几乎为零，是目前市场上最高等级的装饰板材，是真正的绿色环保建材，完全满足现在及将来人们对环保和健康生活的要求。

E 使用效果 Fidelity to Client

新华里，具有城市文化标签闹中取静的特色书城。满足周边人群需求，配合周边业态分布，应发挥其区域优势，一改传统面容，引领潮流，打造一个以年轻人为主，具有城市文化标签的闹中取静的特色书城。

THE COFFEE BOOKS
咖啡书屋
创意阅读
文学 艺术 时尚 旅行

生活与书
畅销排行
Best Sellers
化妆造型
Make-up Artist

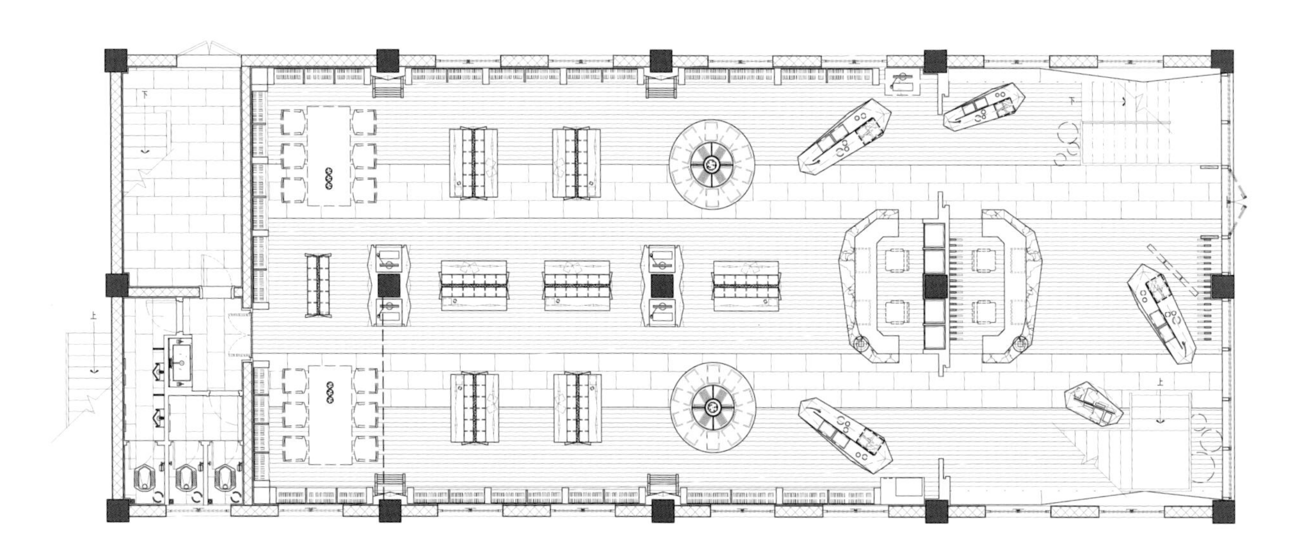

一层平面布置图

小说 散文
人物 游记
畅销排行
Best Sellers

音乐 美术
影视 摄影
设计
Designing
音乐美术
Music & Fine Art

随笔游记
Eassy
畅销排行
Best Sellers
当代小说
Contemporary Fiction
灭火器箱

决定健康
百科

伴读
卡漫
伴你

Plus 服装店
PLUS CLOTHING STORE

项目名称 _*Plus 服装店* / **主案设计** _ *何靓* / **参与设计** _ *李远征、汤璇* / **项目地点** _ *四川省成都市* / **项目面积** _*60 平方米* / **投资金额** _*20 万元*

A 项目定位 Design Proposition

商业设计不同于家装，业主的目的在于通过富有创意的空间更好地销售产品。站在这一角度进行深入的思考，提出：一切从商业营销及客户体验出发的设计主张。并由此展开空间布局。

B 环境风格 Creativity & Aesthetics

光源运用除对货品做重点照明外皆以柔和的亮度出现，和镂空的 logo 交织而成的光影关系使空间极富律动感。此种“无异形，不设计”的设计宗旨，让商业价值和顾客体验都得以最大程度的升华。

C 空间布局 Space Planning

为了让顾客最方便、最直观、最清楚地接触商品，将货品陈列全部紧贴墙壁，收纳箱以装置形式置于墙底，货品的展示也一改之前的紧凑感，根据色系及材质不同进行归纳排列，并对产品做重点照明，清楚地展现货品的品质感，完全符合了 PLUS 高端品牌的定位。

D 设计选材 Materials & Cost Effectiveness

空间视觉上用简练的几何形态设计手法构造了时髦的几何群组，既现代又毫无缀饰感。空间背景用白色打底，其目的是既突出货品的特色，给顾客形成视觉记忆又让局促的空间在视觉上得以放大。

E 使用效果 Fidelity to Client

外观使用黑镜钢盒镶嵌亚克力内光源对 PLUS 店名进行装置构建，将招牌、橱窗、店门几个功能合为一体，呈现出强烈的门脸视觉。在整片商业圈既显眼又独特，远远望去甚至有种地标性的建筑感。

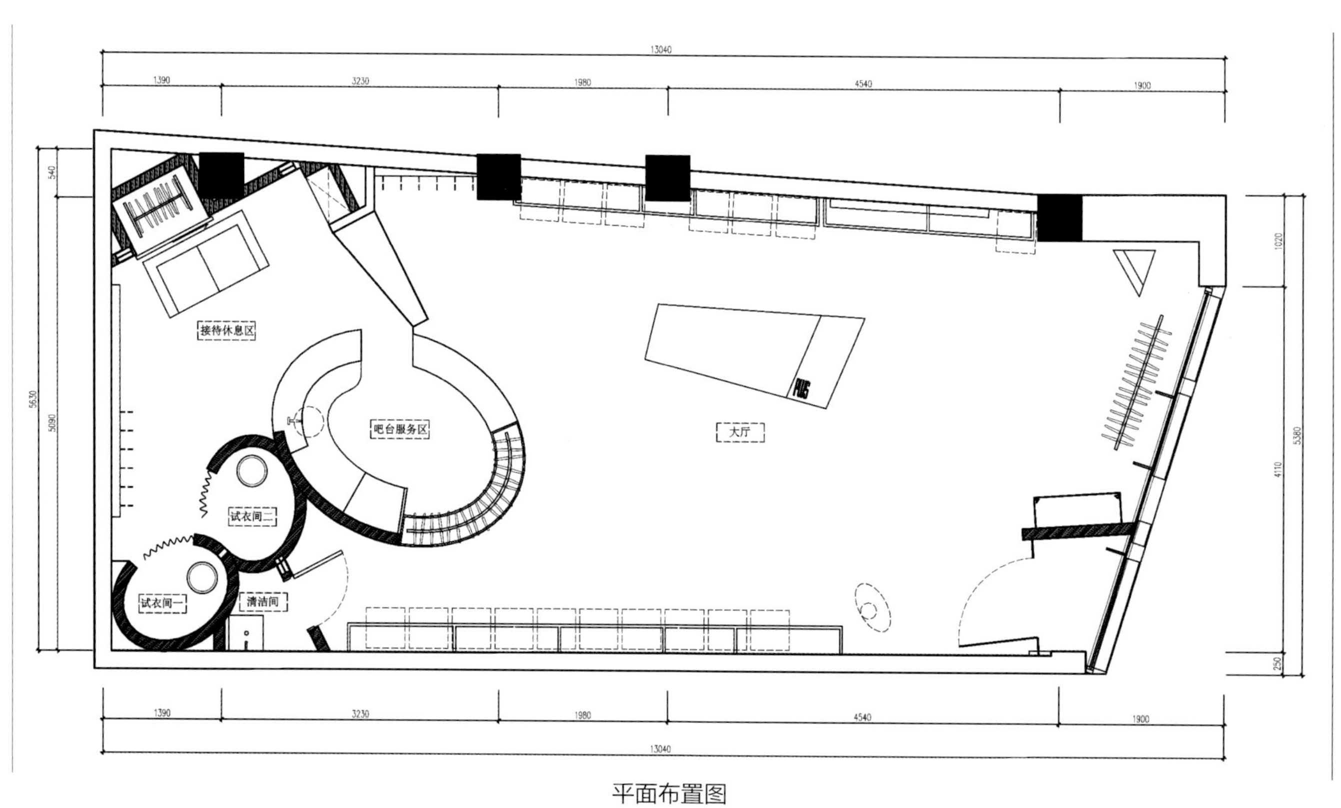

平面布置图

S.life 生活馆
S.LIFE LIFE MUSEUM

项目名称 _S.life 生活馆 / **主案设计** _文超 / **项目地点** _重庆市江北区 / **项目面积** _300 平方米 / **投资金额** _100 万元 / **主要材料** _涂料、碳钢板、铁艺、玻璃

A 项目定位 Design Proposition
首先于重庆而言，还没有这样综合性较强的集合购物与休闲于一体的线下体验空间，从实体商业角度而言值得探索与挖掘，也为消费客群提供了更多元化的消费体验形式；同时也为重庆文创产业运营模式开拓了一个新的篇章。

B 环境风格 Creativity & Aesthetics
空间环境上，我们力求没有风格的约束，现代、复古、质朴、工业传承的元素都在该空间得以体现，绿植与北欧风格的木质家具为咖啡休闲空间创造了良好的氛围环境，其次，也为后期的产品消费奠定了基础；阳光、空气、生活是其主要组成部分。

C 空间布局 Space Planning
空间布局上，我们抛弃了既定的空间间隔思维模式，运用产品自身的多样性营造各自独立的空间氛围，地台与转折的交通设置，让本身安静、空旷的空间有了一定的步入仪式感，为整体氛围营造，创造了前提条件。而咖啡吧台的设置，不仅满足了客群的休闲需要，也兼顾了传统零售业的收银条件，让客群更容易接受与亲近；同时，售卖家具与植物、手作品的布置，也为咖啡休闲以及客群休息创造了条件，同时达到用户体验的积极目的，从而促使客群通过体验，产生消费。

D 设计选材 Materials & Cost Effectiveness
在材质的选材与运用上，更加注重空间对于材质本身的需求，而非用独特的装饰材料抢掉空间本身的风头；简约却不简单，特别是传统水磨石的几种处理形式，加上独特的麦穗涂料、碳钢板与铁艺、玻璃的运用，为空间营造出了一种大气、宁静、干练的空间氛围，也同时，让空间作为背景退了下去，为产品自身的推出，创造了恰到好处的条件。

E 使用效果 Fidelity to Client
该作品在投入运营后，首先得到了消费者的一致认可，并在重庆零售业及文创业界掀起了一波参观潮及讨论，新的实体零售店运营模式孕育而生，并且实际经营收获颇丰。

向：
S.life
香港城店 2013 12月25日
南滨路店 2014年12月21日
致敬！

YIGO
宜品良果
S.life

消火栓

英良石材档案馆
YINGLIANG STONE ARCHIVES

项目名称 _英良石材档案馆 / **主案设计** _卜骁骏 / **参与设计** _张继元、覃凯、李振伟、杜德虎、刘同伟 / **项目地点** _北京市朝阳区 / **项目面积** _472 平方米 / **投资金额** _280 万元 / **主要材料** _钢板、石材

A 项目定位 Design Proposition
本作品将石材这个商品内容的文化感充分发掘出来，并从材料本身的创造性使用方法、表现手法、再造空间的能力对产品本身通过设计师的努力做到了一次再激活，不光是新的石头材料，甚至是废弃的石材都予以了新的生命。

B 环境风格 Creativity & Aesthetics
本设计大量采用了毛石、山皮等表达人与自然角力的一刹那的文化产物作为展厅的主要定调材料，通过各种不同粗糙到精致、自然到人工的石材肌理的不同表达，充分表现人与石材的对话的痕迹，从而表达出人对自然的尊敬和人的工匠精神。

C 空间布局 Space Planning
本项目最大的空间特征就是其丰富的空间故事性：在沿街立面上，由废旧石堆砌成的屏风将建筑的特性展示出来进门之后一堵倾斜带有极强烈空间感的石墙展示了石材与人类的角力、每一块毛石都闪闪发光而讲述着自己的身世，当人从这里走过时会有心灵安静下来的感受；在主展厅之前还会看见一个平静的庭院，是由街道面上的屏风围合而成的；进入主展厅是故事的高潮，漂浮在空气中的毛石造成了极大的奇观，同时又是石材展览的背景；最后是餐厅，在这里，最为现代和华丽的石材应用在这里展现，给人们以极大的猎奇心理的满足感。这种故事性最终形成了空间与时间的流动性，带给了观者以丰富的感官与精神上的体验与愉快。

D 设计选材 Materials & Cost Effectiveness
本设计尽量采用毛石、原始开山面等来表达石材的原始力度，从而衬托商品石材的精致与工艺。大量热压钢板的使用一方面是力学需要，一方面是其文化上暗示了钢材是人类唯一用来加工石材的材料，而在精致的石材应用一方面，我们则着重表达石材的受力极限和其柔软的表现力。

E 使用效果 Fidelity to Client
本项目受到一致好评。

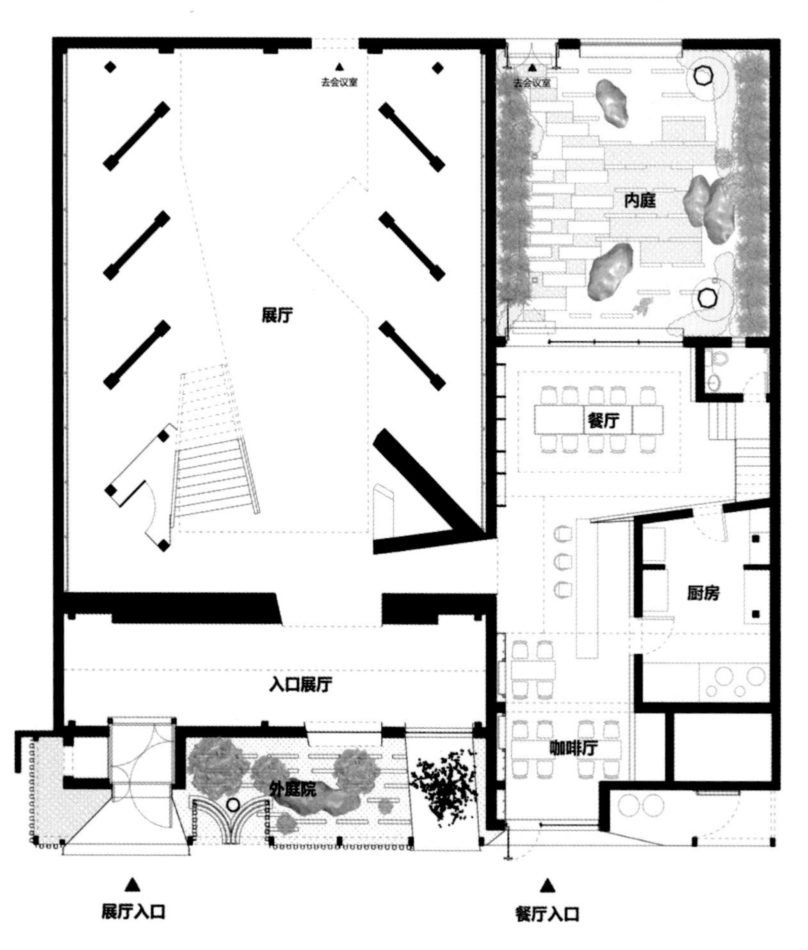

一层平面布置图

Blackzmith
BLACKZMITH

项目名称 _*Blackzmith*/ **主案设计** _ *佐佐木力* / **项目地点** _ *香港油尖旺区* / **项目面积** _*30 平方米* / **投资金额** _*70 万元*

A 项目定位 Design Proposition

Blackzmith 是一间搜罗了世界多个知名眼镜品牌在内的一间眼镜店，当中包括 MYTY、P&MW、HOET 及 EDWARDMARTIN 等等的知名品牌，所选的眼镜都是最流行的，全都是拥有独特的造型、材料及颜色，而有别于其他眼镜店的地方就是 Blackzmith 有设计自家品牌的眼镜。

B 环境风格 Creativity & Aesthetics

在香港这个购物天堂中，尖沙咀可以说是香港的中心，而在 2010 年开幕的商场“The one”更加成为了香港的新地标，成为了潮流最新信息的集结地。而 Blackzmith 的店则以品牌中心“Chic Elegant and Stylish”路线站立在这个潮流集结地上。

C 空间布局 Space Planning

Blackzmith 的店只有 30 平方米大小，我们想尽量把店铺的空间感扩大，以简单的布局来达到最多空间感，所以我们先把验眼区、收银区及储物区放一边，而店的中间则以中岛展示台用作来引导客人的行走路线，让客人达到最佳的购物体验。

D 设计选材 Materials & Cost Effectiveness

Blackzmith 利用黑色及白色作为主要色调，线条及对比效果对比非常强烈及明显，空间感感觉较冷。同时我们在地面上利用黄色作为空间上的暖色，刚好中和冰冷的感觉，减少客人的压力，而在道具上我们选用了带有工业味道的椅子、吊灯来衬托出“Chic Elegant and Stylish”来配合 Blackzmith 想带给客人的形象。

E 使用效果 Fidelity to Client

Blackzmith 店投入营运后，型格的设计能够吸引到很多年青的客人，客人在选购心仪眼镜外，店铺的形象亦深刻印在客人的心中，客户亦十分满意设计所带出的效果。

TYPE

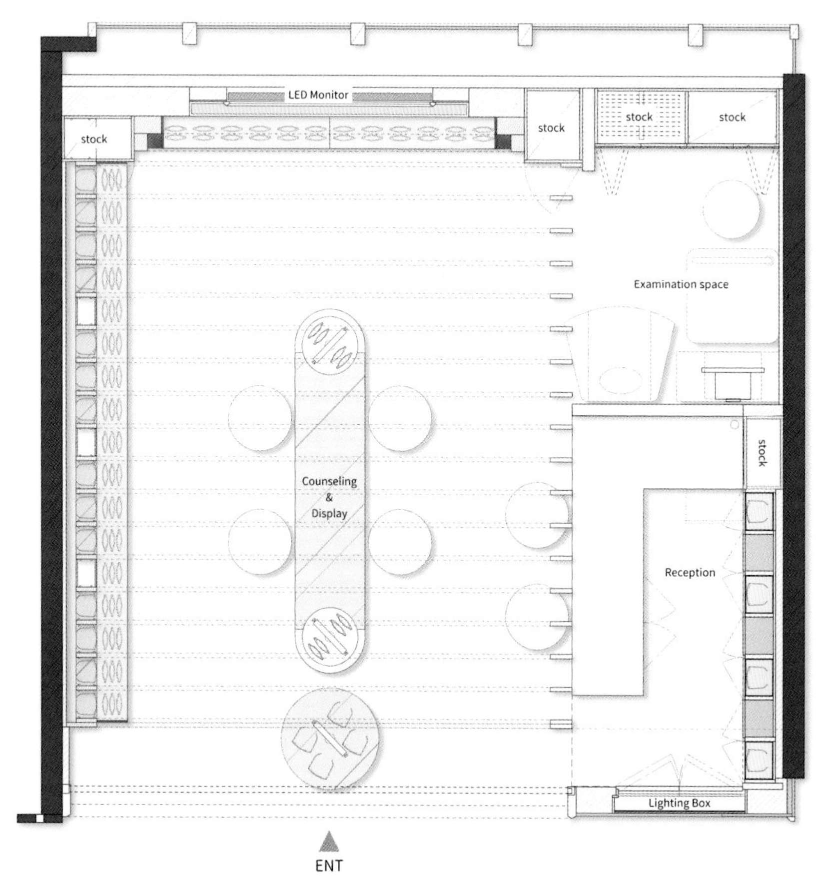
LED Monitor
stock
stock
stock
stock
stock
Examination space
Counseling
&
Display
stock
Reception
Lighting Box
ENT

平面布置图

瑞欧典藏家饰高雄店
DE SEDE COLLECTION FURNISHINGS STORE IN KAOHSIUNG

项目名称 _ *瑞欧典藏家饰高雄店* / **主案设计** _ *罗耕甫* / **项目地点** _ *台湾高雄市* / **项目面积** _ *400 平方米* / **投资金额** _ *318 万元* / **主要材料** _ *镀钛钢板、清水模、实木*

A 项目定位 Design Proposition

事务所在空间的设计上，以突显产品的价值性做思考，在氛围与空间颜色的呈现较为冷调，让消费者对于产品的视觉与触觉能有更好的感受。

B 环境风格 Creativity & Aesthetics

事务所在空间的设计上，以突显产品的价值性做思考，在氛围与空间颜色的呈现较为冷调，让消费者对于产品的视觉与触觉能有更好的感受。

C 空间布局 Space Planning

基地位于台湾高雄，是一个品牌家具的展售空间，它包含了展示区与服务空间，考虑服务动线，后勤服务位在展场中间，石材地坪的色块提供了空间的指向性，利用地坪向高度延伸出一个斜坡向上的平台，这处平台是一个生活的场域，也作为选择家具材料以及皮革颜色的配样区。 为创造上下楼层的链接性，使用结构独立的悬臂阶梯设计，搭配透明玻璃，来塑造每个踏阶的独立感，同时保有主墙立面的完整性，并以毛丝面钢板做楼层间的串联，拾阶而上，设置了隐藏屏幕，提供全新的动线体验，来到 2 楼，墙面采用木纹清水模搭配圆弧镀钛铁件，以软化规则的线条，创造冲突的协调感。

D 设计选材 Materials & Cost Effectiveness

左侧延伸 1 至 2 楼的墙面，选用了清水模作为冷调的表现，并以铝隔栅贯通两个楼层，作为空间的整合材，以线性隔栅将梁柱包覆，构筑成为一个完整的面，其感光后展现差异性的色泽，展现一种利落、自然的美感，地板大面积使用消光面的木地板材料，使空间增加自然感，并与铝隔栅相互呼应，让空间感更为延展。来到 2 楼，墙面采用木纹清水模搭配圆弧镀钛铁件，以软化规则的线条，创造冲突的协调感。

E 使用效果 Fidelity to Client

展现了品牌的价值感，不只无形中驻留了人们的脚步，更层层交织出空间语言的起承转合，在诗性的吉光片羽中，散发出独有的魅力。

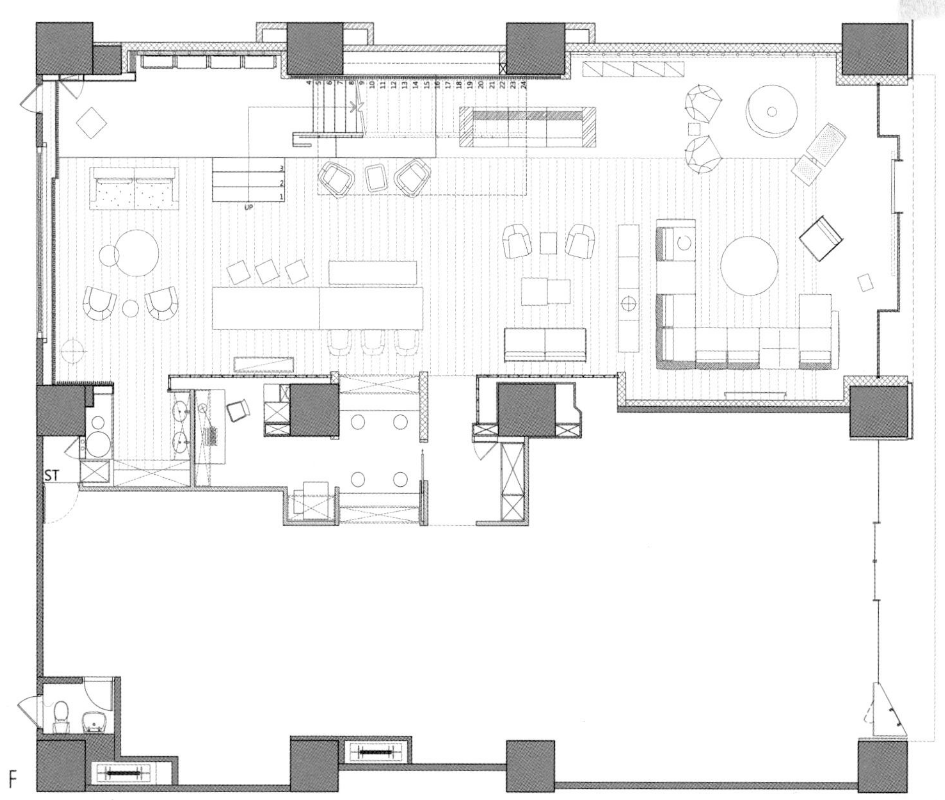

一层平面布置图